小型水电站运行与维护丛书

水电站运行维护与管理

孙效伟　安绍军　主编

中国电力出版社
CHINA ELECTRIC POWER PRESS

内 容 提 要

本书是“小型水电站运行与维护丛书”分册之一。

全书共分九章，主要介绍了水轮发电机组附属设备的运行与维护、水轮机调速器的运行与维护、发电机励磁系统的运行与维护、变压器的运行与维护、配电设备的运行与维护、水轮发电机组的运行与维护、直流系统的运行与维护、水电厂监控系统和水电站运行管理制度等内容，最后还附有几种工作票的格式作为参考。

本书适合小型水电站运行与维护人员学习和参考，也可供相关专业人员阅读。

图书在版编目(CIP)数据

水电站运行维护与管理/孙效伟，安绍军主编．—北京：中国电力出版社，2017.12

(小型水电站运行与维护丛书)

ISBN 978-7-5198-1052-8

Ⅰ.①水…　Ⅱ.①孙…　②安…　Ⅲ.①水力发电站-运行②水力发电站-维修③水力发电站-管理　Ⅳ.①TV73

中国版本图书馆 CIP 数据核字(2017)第 194683 号

出版发行：中国电力出版社
地　　址：北京市东城区北京站西街 19 号（邮政编码 100005）
网　　址：http://www.cepp.sgcc.com.cn
责任编辑：安小丹（010-63412367）张妍
责任校对：王小鹏
装帧设计：左　铭
责任印制：蔺义舟

印　　刷：三河市航远印刷有限公司
版　　次：2017 年 12 月第一版
印　　次：2017 年 12 月北京第一次印刷
开　　本：787 毫米×1092 毫米　16 开本
印　　张：9.5
字　　数：221 千字
印　　数：0001—2000 册
定　　价：**40.00** 元

《水电站运行维护与管理》
编　写　人　员

主　编　孙效伟　安绍军

参　编　侯雪梅

序

我国小型水电站近年来发展非常迅速，从 1995 年末发电装机容量 1650 万 kW，年发电量超过 530 亿 kWh，到 2016 年已建成小型水电站 47 000 余座，总装机容量 7500 万 kW，年发电量 2000 多亿 kWh。目前，我国小型水电站遍布全国二分之一的地域、三分之一的县市，累计解决了 3 亿多无电人口的用电问题。我国小型水电站在山区农村的作用越来越重要，其自身经济效益也在逐步提高。小型水电站已成为我国农村经济社会发展的重要基础设施、山区生态建设和环境保护的重要手段。作为最直接的低碳能源生产方式，小水电在“十二五”期间迎来了新的发展机遇。

随着小型水电站事业的迅速发展和水电技术水平的不断提高，对小型水电站运行与维护人员的知识、技能要求也越来越高。特别是随着新技术在小型水电站的应用，需要电站运行与维护人员及时更新知识结构，从而保证小型水电站安全、经济运行。为此，特组织编写了本套“小型水电站运行与维护丛书”，可满足小型水电站运行与维护人员在不脱离岗位的情况下，通过对所需知识的学习提高业务水平和技能，并应用到实际工作中，以保障发电机组的安全、可靠、高效、经济运行。

本套丛书共包括《水轮发电机组及其辅助设备运行》《水力机械检修》《电气设备运行》《电气设备检修》《水电站运行维护与管理》五个分册。该套丛书密切结合小型水电站技术水平发展的实际，以典型小型水电站的系统和设备为主线，并按 CBE 模式对丛书的内容进行了划分，按照理论上够用、突出技能的思路组织各分册的编写。丛书图文并茂、浅显易懂，并充分结合了新规程和新标准。小型水电站运行与维护人员可根据自身专业基础和实际需要选择要学习的模块。

本套丛书由国网新源丰满培训中心组织编写，可作为小型水电站运行、检修岗位生产人员的培训教材，也可供水电类职业技术学院相关专业师生学习参考。

国网新源丰满培训中心希望能够通过本套丛书的出版，为我国的水电事业尽一份绵薄之力。因编写时间和作者水平所限，丛书谬误和不足之处难免，敬请广大水电工作者批评指正。

国网新源丰满培训中心

2017年3月

前 言

《水电站运行维护与管理》是针对小型水电站运行与维护人员而编写的。全书共分九章，内容包括水轮发电机组附属设备的运行与维护、水轮机调速器的运行与维护、发电机励磁系统的运行与维护、变压器的运行与维护、配电设备的运行与维护、水轮发电机组的运行与维护、直流系统的运行与维护、水电厂监控系统和水电站运行管理制度。

本书按照成人培训及学习知识的规律，结合小型水电站运行与维护人员的实际，简单地介绍了水电厂主要设备的组成和工作原理，机械和电气部分的系统组成和运行方式。针对运行与维护人员的值班工作，重点介绍了设备的日常巡回注意事项，事故和故障处理的要点。为了确保工作人员人身和电站设备的安全，本书还介绍了水电站一些基本的管理要求和规章制度。希望本书对水电站运行人员的工作和学习有所帮助。

本书由丰满发电厂安绍军和国网新源水电有限公司丰满培训中心孙效伟共同主编，丰满发电厂侯雪梅参编，全书由孙效伟统稿。

由于作者学识水平和实践经验有限，加上编写时间仓促，书中疏漏和不妥之处在所难免，敬请读者批评指正。

编　者

2017年3月

目　录

第一章

水轮发电机组附属设备的运行与维护

第一节　水系统的运行与维护

水电站的供水包括技术供水、消防供水和生活供水。技术供水是水轮发电机组及附属设备的生产用水；消防供水可供主厂房、发电机、变压器、油库等处的灭火；生活供水主要为正常生活用水提供水源，如饮用、厕所用水等。中小型水电站一般以技术供水为主，兼顾消防供水和生活供水。

一、技术供水的对象和作用

技术供水的主要作用是用来对水轮发电机组各部进行冷却和润滑，其中又以冷却为主，润滑一般只用于水轮机的水导轴承，但应用比较少。此外，技术供水还可以作为水冷变压器和机组油压装置的冷却介质，以及电站部分设备的操作能源。

（一）机组轴承冷却器

机组轴承冷却器主要有发电机的推力轴承、上导轴承、下导轴承和水轮机导轴承。机组运行时轴承处产生的机械摩擦损失，以热能形式聚集在轴承中。由于轴承是浸在透平油中的，油温升高将影响轴承寿命及机组安全，并加速油的劣化。因此，将冷却器浸在油槽内，通过冷却器内的冷水将热量带走，达到将油加以冷却并带走热量的目的。

用各种方式以水冷却透平油，从而控制轴承的工作温度，是水轮发电机组正常运行的重要条件之一。轴承的工作温度一般为40～50℃，最高70℃，一旦发现温度过高，必须立即停机。

（二）发电机空气冷却器

发电机运行时产生电磁损失及机械损失，这些损失转化为热量，影响发电机出力，甚至发生事故，需要及时进行冷却将热量散发出去。大型水轮发电机采用全封闭双闭路自循环空气冷却，利用发电机转子上装设的风扇，强迫空气通过转子绕组，并经定子的通风沟排出。吸收了热量的热空气再经设置在发电机定子外围的空气冷却器，将热量传给冷却器中的冷却水并带走，然后冷空气又重新进入发电机内循环工作，保持定子绕组、转子绕组温度在正常范围，一些小容量的发电机转子上未装设风扇，但装设上、下挡风板，使冷、热风在密闭的空间内进行交换，热量由空气冷却器带走。空气冷却器是一个热交换器，它是由许多根黄铜管组成，冷却水由一端进入空气冷却器，吸收热空气的热量变成温水，从另一端排出。空气冷却器的个数和结构随机组的容量而不同。

（三）变压器油的冷却

一些水电厂主变压器采用外部水冷式（即强迫油循环水冷式），是利用油泵将变压器油箱内的油送至通入冷却水的油冷却器进行冷却，为防止冷却水进入变压器油中，应使冷却器中的油压大于水压。变压器的冷却方式有油浸自冷式、油浸风冷式、内部水冷式和外部水冷式等。内部水冷式是将冷却器装置在变压器的绝缘油箱内；外部水冷式是强迫循环水冷式用油泵抽出变压器油箱中的运行油，加压送入设置在变压器外的油冷却器进行冷却。此方法散热能力强，使变压器尺寸缩小，便于布置，但需设置一套水冷却系统。

（四）油压装置的水冷却

油压装置的油泵在旋转时和压力油流在流动时，由于摩擦原因都会产生热量，大型油压装置的这一问题比较突出，尤其在油泵频繁启动时温度可能迅速升高。油温过高会使黏度下降，对液压操作不利，而且加快油的劣化。为了控制油的工作温度，大型油压装置常在回油箱中设冷却管，以水冷却汽轮机油。

（五）水压操作的设备

一些高水头电站使用高压水来操作进水阀，不仅减少了油压装置从而节省投资，而且运行费用也得到降低。高压水流还可以用于射流泵，作为电站的排水泵。另外，不少水轮机主轴的工作密封采用橡胶密封结构，要求用有一定压力的清洁水作为密封及润滑使用。

总之，技术用水的基本作用是冷却、润滑和液压操作。

二、技术供水的组成和对水的要求

技术供水系统由水源（包括取水和水处理设备）、管网、用水设备以及测量控制元件组成。技术供水水源的选择非常重要，在技术上需考虑水电站的形式布置和水头满足用水设备所需的参数。这些参数包括技术供水的水量、水压、水温、和水质的要求，力求取水可靠、水量充足、水温适当、水质符合要求，以保证机组安全运行，整个供水系统设备操作维护简便，在经济上需考虑投资和运行费用最省。如果选择不当不仅可能增加投资，还可能使电站在以后长期的运行和维护中增加困难。技术供水系统除正常工作的水源外还应有可靠的备用水源，防止因供水中断而被迫停机，对水轮机导轴承的润滑水和对水冷推力瓦的冷却水要求备用水能自动投入，因供水稍有中断轴瓦就有被烧毁的可能。一般情况下均采用水电站所在的河流电站上游水库或下游尾水作为供水系统的主水源和备用水源，只有在河水不能满足用水设备的要求时才考虑其他水源，例如地下水源作为主水源或补充水源或备用水源。

（一）技术供水水源

从上游取水可以利用水电站的落差，对水头12～80m的电站能很方便地实现自流供水，因此，这是电站设计时首先考虑的水源类型。当上游取水无法满足机组运行的条件时，通常采用下游取水的方式。

1. 压力钢管取水或蜗壳取水

这种取水方式一般取水口位置布置在钢管或蜗壳断面的两侧，在45°方向上，避免布置在顶部和底部，在顶部有悬浮物，在底部有积存的泥沙。优点是引水管道短，节约投资管道可集中布置，便于操作。

2. 坝前取水

取水口可设置数个，在取水口前均装置拦污栅和小型闸门。常在不同地点和不同高程设置几个取水口，适应上游水位的变化，或选择适当的水温，引用含沙量较少的水。

坝前取水供水最为可靠，在机组及进水闸门检修时仍能供水，某个取水口堵塞也不影响机组的运行。但是，坝前取水管道较长，主要用于坝后式及河床式电站。

3. 下游尾水取水

当上游水位过高时，用上游高压水作为技术供水可能不经济，水位过低时上游取水不能满足水压要求。因此上游水位过高或过低时，常用下游尾水作水源，通过水泵将水送至各用水部件。下游取水布置灵活，管道也不长，便于设置尺寸较大的水质处理设备。但应有两台以上的水泵，各水泵单独设置取水口，所用设备较多，运行费用也比较高。

4. 地下水源取水

为了取得经济可靠和较高质量的清洁水以满足技术供水，特别是满足水轮机导轴承润滑用水的要求，电站附近有地下水源时可考虑加以利用。地下水源比较清洁，水质较好，某些地下水源还具有较高的水压力有时可能获得经济实用的水源。地下水常用水泵抽取，投资及运行费用比较高。

（二）技术供水方式

水电站供水方式因电站水头范围不同而不同，其中常用的供水方式有自流供水、水泵供水，以及两者混合使用构成的混合供水方式和射流泵供水等。

1. 自流供水

自流供水系统的水压是由水电站的自然水头来保证的。当水电站平均水头在20～40m时，且水温水质符合要求，采用自流供水，适用于水头在12～80m的电站。为保证各冷却器进口的水压符合制造厂的要求，当水头在40～80m时一般装设可靠的减压装置，对多余的水压力加以削减即自流减压供水方式。减压装置又分为自动减压装置和固定减压装置两种。

2. 水泵供水

当电站水头高于80m或低于12m时采用水泵供水方式，对于低水头电站取水口可设置在上游水库或下游尾水，对于高水头电站一般均采用水泵从下游取水。采用地下水源时若水压不足亦用水泵供水。用水泵供水，供水的压力、流量均由水泵来保证。

水泵供水方式布置灵活，特别是对于大型机组，可以各机组就近装设一套专用的技术供水系统，便于自动控制。水泵供水的主要问题是供水可靠性差、设备多、投资大、运行费用高。供水泵必须设两台或更多，运行中互为备用，而且应当有可靠的备用电源。

3. 混合供水

混合供水方式适用于水头在12～20m的电站，不宜采用单一供水方式时一般设置混合供水系统及自流供水和水泵供水的混合系统。当水头比较高时采用自流供水，水头低或水头不足时采用水泵供水，经过技术经济比较确定操作分界水头。因为水泵使用时间不多可不设置备用水泵，主管道只设一条，这样可以在不降低安全可靠的条件下减少设备投资，简化系统。也有一些混合供水的水电站根据用水设备的位置及水压水量要求的不同，采用一部分设备用水泵供水，另一部分设备用自流供水的方式。

4. 射流泵供水

当电站水头为80～160m时采用射流泵供水，由上游水库取水作为高压工作液流，在射流泵内形成射流，抽吸下游尾水，两股液流形成一股压力居中的混合液流供机组技术供水用。射流泵供水兼有自流供水和水泵供水的特点，运行可靠，维护简便，设备和运行费用低。

（三）技术供水管网组织

技术供水设备管网组织根据机组的单机容量和电站的装机台数，一般有以下几种类型。

1. 集中供水系统

全电站所有机组的用水设备都由一个或几个公共取水设备供水，通过全电站公共供水干管供给各机组用水。这种系统设备数量较少，管道、阀门可以集中布置，运行操作和维护比较方便，因此在中小型电站经常采用。

2. 单元供水系统

每台机组设置独立的取水口、管道等，自成体系，独立运行。由于各台机组之间互不干扰，便于自动控制和检修，因此适用于大型机组或电站只装一台机组的情况，此方法运行灵活，可靠性高，易于实现自动化。

3. 分组供水系统

当机组台数较多时，将机组分成几组，每组设置一套设备，且具有单元供水的特点。分组供水系统既比较灵活，又减少了设备，运行管理也比较方便。

（四）技术供水管网设备

1. 供水泵

技术供水系统中，常用卧式离心泵作供水泵，其价格低廉，结构简单，维护方便，运行可靠；深井泵也可以作为技术供水泵，其结构紧凑，性能较好，管道短，但价格较贵。

2. 管道

管道由取水干管、支管及管路附件等组成。干管直径较大，把水引到厂内用水区。支管直径较小，把水从干管引向用水设备。管路附件包括弯头、三通、法兰等，是管网不可缺少的组成部分。

3. 滤水器

无论何种取水方式，其水源都不可避免地带有各种杂质，因此在每个取水口后面必须装置滤水器。滤水器过滤出杂质，确保冷却或润滑设备能正常工作。为了不影响供水，一般采用旋转式滤水器。由于水导轴承润滑用水水质要求很高，因此需设专门的滤水器。

4. 阀门

阀门分为闸阀和截止阀，作用是截断水流和调节流量。闸阀的优点是密封性能好，易于启闭；缺点是外尺寸大，阀门闭合面检修困难。截止阀的优点是结构简单，操作灵活，止水效果好，尺寸小；缺点是水力损失大。

5. 测量控制元件

测量控制元件主要包括阀门、压力表、减压阀、示流信号器、自动排污控制系统等。用以监视、控制和操作供水系统的有关设备，保证供水系统正常运行。

（五）技术供水对水的要求

1. 水温

用水设备的进水温度一般在 4～25℃为宜，进水温度过高不利于机组各部散热，过低会使冷却器黄铜管结露，甚至破裂损坏。

2. 水压

为了保证冷却需要的水量和必要的流速，要求进入冷却器的水有一定的流速水压。水压过低，起不到冷却和润滑的效果，水压过高，易造成设备损坏。因此正常水压一般不超过0.2MPa。

3. 水质

为满足水质的要求，一般在取水口设置拦污栅、用水设备装滤水器。防止冷却管路堵塞和结垢。一般每年夏季，河流上游来水多，雨季山上的树木、杂草进入库区，很容易造成冷却器堵塞、水电机组转轮室堵塞，出力降低，甚至被迫停机，进行处理。河水中含有多种杂质特别是汛期河水浑浊、含沙量剧增，所以需要对河水进行净化和处理，以满足各用水部件的要求。水的净化可分为两大类，分别为清除污物和清除泥沙。滤水器是清除水中悬浮物的常用设备，按滤网的形式分为固定式和转动式两种。滤水器的网孔尺寸视悬浮物的大小而定，一般采用孔径为2～6mm的钻孔钢板外面包有防锈滤网。水流通过滤网孔的流速一般为0.10～0.25m/s，滤水器的尺寸取决于通过的流量。

清除泥沙常用的方法有水力旋流器、平流沉淀池和斜流式沉淀池。目前小型电站采用水力旋流器，大型电站采用沉淀器清除污泥。有的电厂由于水质污染，要对水进行处理，包括除垢、水生物防治及离子交换法除盐。

（六）消防供水系统

消防水主要用于发电机、变压器、主厂房及油系统灭火，消防水的取水方式与技术供水的取水方式基本相同，一般取自压力钢管、蜗壳或尾水等。

1. 发电机灭火

发电机在运行时可能由于定子绕组匝间短路，或接头开焊等事故而起火。为了避免事故的扩大，应立即采取灭火措施。发电机采用喷水灭火，在定子绕组的上方与下方各布置灭火环管一根。正常运行时发电机灭火水管不与消防水源相接，灭火时利用软管和快速接头与消防水源接通。灭火时要确认发电机已断电，禁止带电灭火。闻味是闻发电机灭火水管中的味道，即风洞里的味道。

2. 变压器灭火

为保证灭火效果良好，每台主变压器均设有多个消防龙头。平时消防龙头供水阀门关闭。灭火时要确认变压器已断电。

3. 主厂房及油系统灭火

主厂房水轮机层、发电机层、安装间及油库内均设有消防栓，设备着火时可进行灭火。

三、水系统的巡回检查和维护

（一）技术供水系统的巡回检查

技术供水系统的正常运行是水轮发电机组安全运行的重要保障，因此，无论对运行机组还是备用机组，值班人员必须要定时对供水系统进行巡回检查，发现异常情况及时处理。当供水系统在异常方式运行时或存在缺陷时，而机组暂时不能停机时，更要增加巡回检查次数，并对缺陷设备重点检查。

1. 水轮发电机技术供水的巡回检查

值班员在巡回检查时，应按巡回检查路线，对系统内的设备做全面的检查。一般应首先检查技术供水干管的总水压是否合格，然后检查各支管的水压，包括推力轴承、上导轴承和下导轴承的水压是否在合格范围内。同时还要检查各轴承的示流信号器指示是否合格，因为若因管路堵塞造成排水不畅或供水管路漏水，有时虽然压力合格，但冷却效果却变差，威胁设备运行。这时示流信号器应有反应，通过检查示流信号器的指示，可以判断出故障点的位置。

在巡回检查水系统的工作参数的同时，还应注意各部是否有漏水或跑水的地方，冷却水滤水器上、下游侧压力是否接近，各阀门的位置指示灯是否正确，阀门和滤水器发电机电源及控制电源工作是否正常。夏季时管路是否有出汗现象，冬季时水系统环境温度是否低于5℃，若温度过低，应采取加热措施，防止管路结冰。尤其冬季时机组停机备用，或是对于备用水管路，由于管路里的水处于静止状态，更要对环境温度加强监视。必要时，要定期对冷却水和备用水进行充水试验，及时掌握技术供水管路的工作情况。

2. 水轮机技术供水的巡回检查

水轮机技术供水主要是水导轴承和止水轴承的冷却水和润滑水，其巡回检查项目和方式与发电机的水系统基本相同。需要注意的是，有的机组止水轴承的冷却水或润滑水可能排到水轮机顶盖处，巡回时要检查水轮机顶盖积水情况，若发现积水异常时要及时处理，防止淹没水轮机导轴承。

（二）供水系统的常见故障与处理方法

1. 供水水压降低

对于技术供水系统，水压降低可导致发电机、变压器冷却效果变差，引起温度升高的严重后果。处理时要进行全面检查，如果是取水口堵塞，则对取水口进行吹扫；滤水器堵塞则进行清扫排污；自动减压阀失灵则打开旁通阀（只对主变压器冷却）供水，并联系检修人员处理；水轮机主轴密封水压降低会引起主轴密封刺水的现象，如为供水管路或阀门破裂漏水引起水压降低，则关闭该供水总阀，对故障点的来水进行隔断，并打开备用供水阀门，维持正常供水，没有备用供水系统，则停机做好相应地安全措施，联系检修人员处理。若个别轴承冷却水压降低，应及时进行冷却水系统的正、反冲切换。

2. 供水水压升高

对于技术供水系统，水压升高超过额定值有可能导致冷却器破裂漏水的严重后果，应调整水压在额定范围之内。如果由于备用水投入造成水压升高，应检查备用水投入的原因，查明原因后将备用水复归，并检查或调整工作水压正常。若因为管路堵塞造成水压升高，应通过检查各部示流信号器的工作状态来确定堵塞的位置，然后进行处理。

（三）技术供水实例

图 1-1 是某水电厂的技术供水系统图。该机组为轴流转桨机组，主供水采用蜗壳取水方式，备用水采用坝前取水方式。水系统阀门编号由 4 位数字组成：第一位数字“1”代表机组编号，即为一号机组；第二位数字“2”代表该系统为水系统；其后的数字为阀门的代号。

从蜗壳取来的水源经 1201 阀和止回阀 1YVN、1202-1 到冷却水滤水器。该滤水器可自动清扫。当滤水器堵塞时，其上下游产生水压差，这时差压信号器检测到差压超过整定值

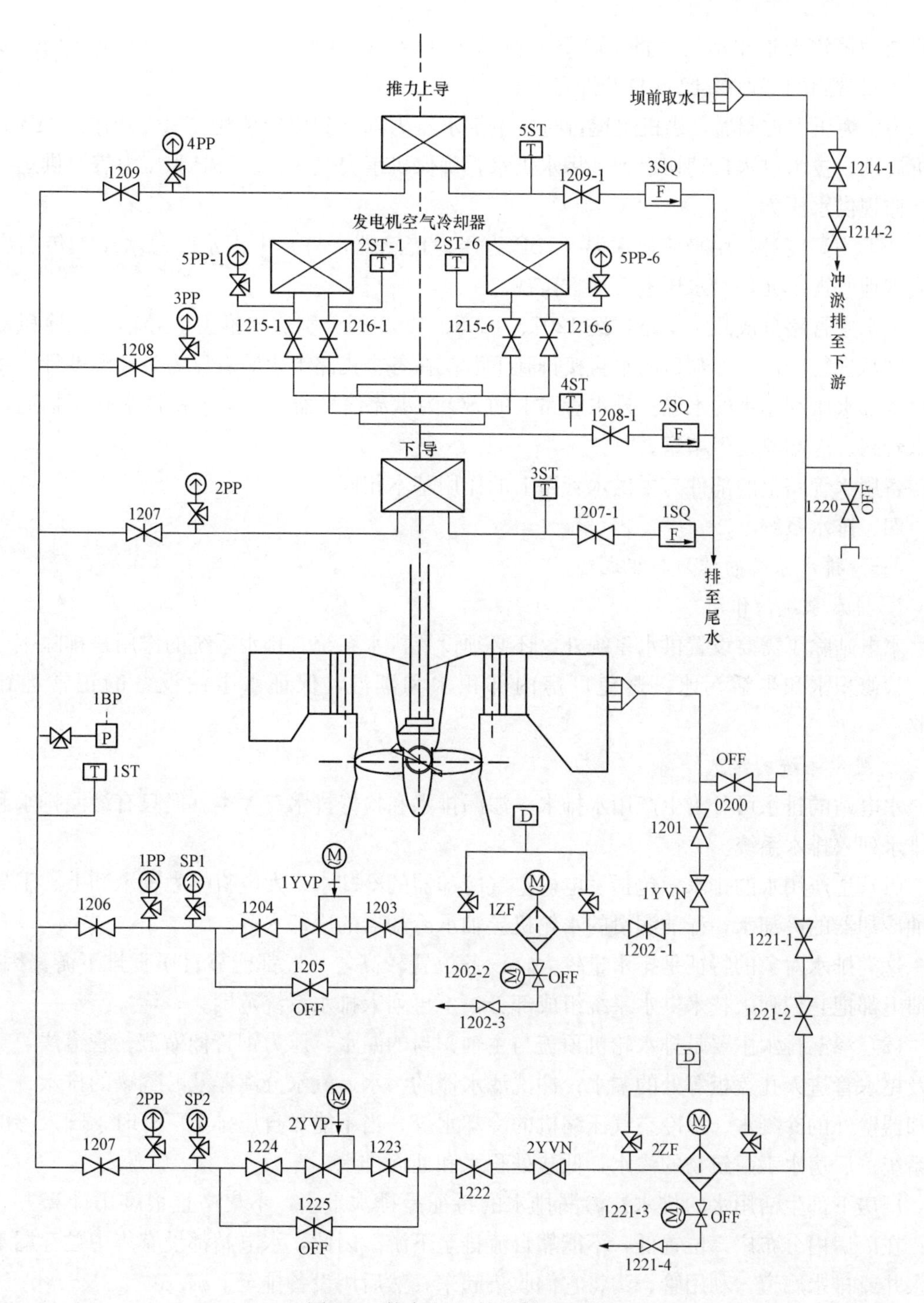

图 1-1　某水电 厂技术供水系统图

时，排水阀电动机启动，将排水阀打开，经 1202-3 排水，同时启动滤水器清扫电动机。当清扫完污物杂质后，差压信号器发出停止信号，排水阀电动机启动，将排水阀关闭，同时滤水器清扫电动机也停止转动，清扫过程结束。

1YVP 是水力电控阀，当机组接到开机令后，1YVP 电动机启动，将该阀门打开，向机组各部供水，当机组停机后，该阀门电动机再次启动，将阀门关闭，切断水源。如果该阀门检修或故障需要退出运行，将 1YVP 两侧的 1203 和 1204 阀门关闭即可。若机组仍需要运行，可将常闭的旁通阀 1205 打开即可。

SP1 为压力控制器，当机组运行时，主供水压力降低到整定值时，SP1 动作，2YVP 电动机启动，技术供水自动切换到备用水供水，确保机组安全运行。1PP 为压力表，供运行人员在监视供水压力。

1ST 为温度计，用来监视水温。1BP 为压力传感器，将技术供水的总水压上传至中控室或现地监视单元，对水压进行远方监视。

供水主管路分成几个支路，经 1207、1208、1209 阀分别通向推力上导轴承、冷风器和下导轴承进行冷却。冷却后的水直接排到下游。在各个支路上也装有压力表和温度计，用来监视各部水压和排水的水温。排水管路上的 SQ 为示流信号器，用来监视排水是否畅通，冷却水管路、冷却器是否堵塞。

备用水管路上的部件与主供水管路上的作用基本相同。

四、排水系统

（一）排水系统的作用与组成

1. 排水系统的作用

水电站除了需要设置供水系统外，还必须设置排水系统。排水系统的作用是排除生产废水、检修积水和生活污水，避免厂房内部积水和潮湿，保证水电站设备的正常运行和检修。

2. 排水系统的组成

水电站的排水可分为生产用水排水、渗漏排水和检修排水三大类。但只有渗漏排水和检修排水列入排水系统。

（1）生产用水的排水。包括发电机空气冷却器的冷却水；发电机推力轴承和上、下导轴承油冷却器的冷却水；稀油润滑的水轮机导轴承冷却器的冷却水等。

这类排水对象的特征是排水量较大，设备位置较高，一般都能靠自压直排下游。因此，习惯上都把它们列入技术供水系统组成部分，不再列入排水系统范围。

（2）渗漏排水主要是排水轮机顶盖与主轴密封的漏水，压力钢管伸缩节、管道法兰、蜗壳及尾水管进人孔盖板等处的漏水；冲洗滤水器的污水、汽水分离器及贮气罐的排水、空气冷却器壁外的冷凝水、水冷空气压缩机的冷却水等，当不能靠自压排至厂外时，归入渗漏排水系统；厂房水工建筑物的渗水，低洼处积水和地面排水。

厂房下部生活用水的排水。渗漏排水的特征是排水量小，不集中且很难用计算方法确定；在厂房内分布广，位置低，不能靠自流排至下游。因此，水电站都设有集中贮存漏水的集水井或排水廊道，利用管、沟将它们收集起来，然后用设备排至下游。

（3）检修排水。当检查、维修机组或厂房水工建筑物的水下部分时，必须将水轮机蜗壳、尾水管和压力钢管内的积水排除。检修排水的特征是排水量大，高程低，只能采用排水设备排除。为了加快机组检修，排水时间要短。

（二）排水方式

1. 渗漏水排水方式

（1）集水井排水：此种排水方式是将水电站厂房内的渗漏水经排水管、排水沟汇集到集水井中，再用离心泵排至厂房外。由于厂内设置集水井容易实现，离心泵安装、维护方便，价格低廉。所以，目前中小型水电站渗漏排水多采用这种方式。

(2) 廊道排水：这种排水方式是把厂内各处的渗漏水通过管道汇集到专门的排水廊道内，再由排水设备排至厂外。此种方式多采用立式深井泵，且水泵布置在厂房一端。由于设置排水廊道受地质条件、厂房结构和工程量的限制，仅在装有立式机组的坝后式和河床式水电站中应用，加之立式深井泵的安装、维护复杂，价格昂贵，因此目前中小型水电站中采用较少。

2. 检修排水方式

(1) 直接排水：此种排水方式是将各台机组尾水管与水泵吸水管用管道和阀门连接起来，机组检修时，由水泵直接将积水排除。其排水设备亦多采用离心泵。水泵可以和渗漏排水泵集中布置或分散布置。直接排水方式运行安全可靠，是防止水淹泵房的有效措施，目前，在中小型水电站中采用较多。

(2) 廊道排水：这种排水方式是把各台机组的尾水管经管道与排水廊道连接，机组检修时，先将积水排入廊道，再由水泵排至厂外。采用此种方式时，渗漏排水也多采用廊道排水，两者可共用一条排水廊道，条件许可时，渗漏水泵也可集中布置在同一泵房内。因廊道排水方式的限制条件较多，所以它在中小型水电站中采用较少。

(三) 典型排水系统

1. 渗漏排水与检修排水不完全合一的排水系统

如图 1-2 所示，该系统设置两台卧式离心泵，作渗漏和检修排水之用。正常运行时，两台泵作渗漏排水用，平时一台工作，一台备用，运行方式可定期切换，互为备用。由液位信号器根据整定的集水井水位控制其启、停。机组检修时，先关闭阀 1，打开阀 2，由两台水泵一起排除检修积水。待积水排除后，再关闭阀 2，打开阀 1，由 1 号水泵自动排除厂内渗

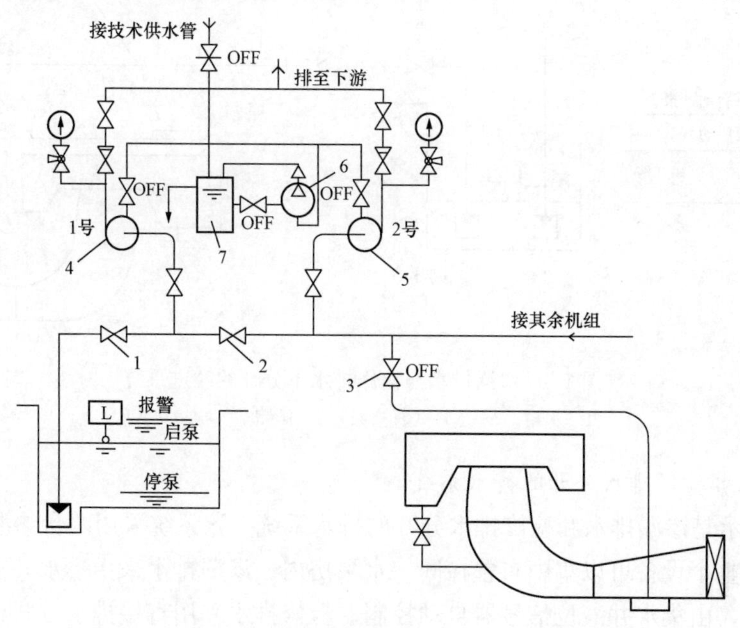

图 1-2　渗漏排水与检修排水不完全合一的排水系统

1—阀 1；2—阀 2；3—阀 3；4—1 号水泵；5—2 号水泵；6—水环式真空泵；7—水箱

漏水，2 号水泵手动排除进水口闸门和尾水管闸门的漏水。这种排水系统只要集水井中水泵的吸水管底阀正常，就可以避免水淹泵房和厂房的事故。但是在两台泵同时排除尾水管积水时，会影响厂房内渗漏水的排除，如用一台水泵进行渗漏排水，又会延长检修排水时间。且因排水泵的安装高程不可能低于尾水管底板高程，尾水管排水管口也不能安装底阀，因此底阀长期不工作，极易产生锈损或被杂物卡塞等故障，又很难进行维修。为了满足检修排水泵在低水位时能启动引水，增设了一台真空泵。

2. 渗漏排水和检修排水不分开的改进系统

如图 1-3 所示，为了改进渗漏排水和检修排水不分开排水系统的不足，仅在该系统上增设一台检修排水泵，其排水量按检修排水量选择。原来两台水泵排水量则按渗漏排水量选择。正常运行时，两台渗漏排水泵（1 号、2 号）互为备用，自动排除厂房内渗漏水。机组检修时，1 号水泵仍自动排除厂内渗漏水，2 号水泵切换为手动，与 3 号水泵共同排除机组检修积水，待积水排干后，再由 3 号水泵单独排除进水口闸门和尾水管闸门漏水，而 2 号水泵则又恢复为 1 号水泵的备用泵。这种排水系统运行方式灵活，不间断厂内渗漏排水，小型电站采用较多。

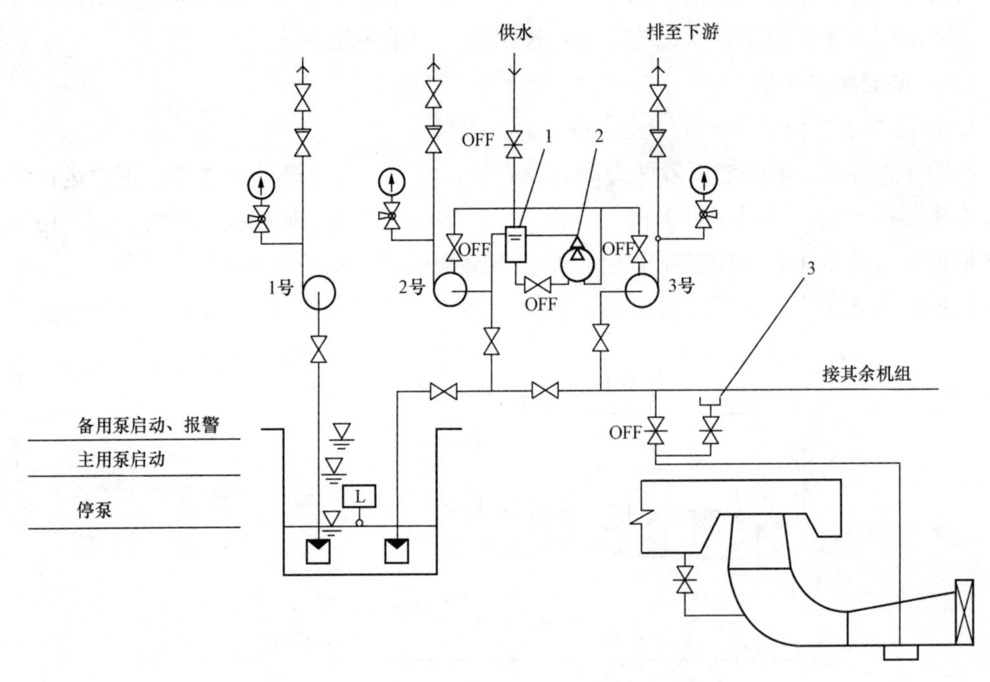

图 1-3　渗漏排水与检修排水不分开的改进系统

1—水箱；2—水环式真空泵；3—压缩空气吹扫接头

3. 漏排水和检修排水分开的排水系统

图 1-4 所示是渗漏排水和检修排水分开的排水系统。该系统采用两台渗漏排水泵和两台检修排水泵。整个设备可以集中布置在同一水泵房内。渗漏排水采用集水井排水方式，两台水泵互为备用，由集水井液位信号器自动控制。检修排水采用直接排水方式，水泵经主排水管道与各机组尾水管排水管相连。机组检修时，打开该机组尾水管排水管上的阀门，水泵即可启动排水。由于该水泵仅在机组检修时才使用，故多为手动控制。这种排水系统运行安全

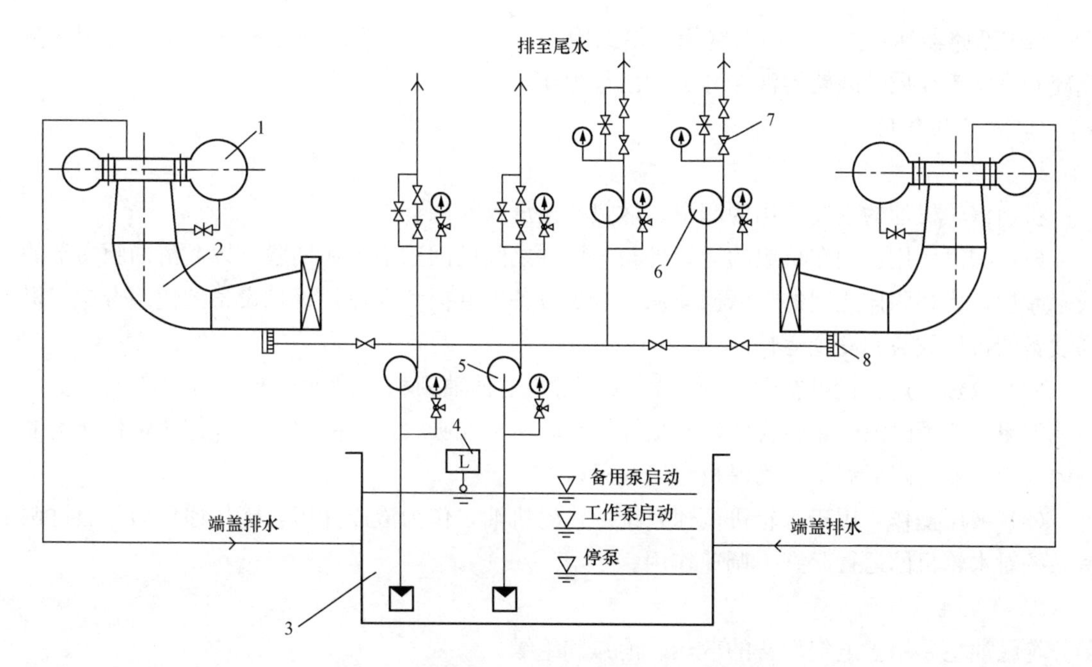

图 1-4　渗漏排水和检修排水分开的排水系统

1—蜗壳；2—尾水管；3—集水井；4—液位信号器；5—渗漏排水泵；6—检修排水泵；7—止回阀；8—检修排水泵取水口

可靠，中小型电站常采用该种排水系统。

第二节　水电站的油系统

一、水电站用油的种类及作用

（一）水电站用油的种类

根据设备用油的要求和条件，水电站的用油主要分为润滑油和绝缘油两类。

1. 润滑油

润滑油按照使用对象的不同又分为汽轮机油、机械油、空气压缩机油、润滑脂等四种。水电站使用量最大的是汽轮机油。

（1）汽轮机油：也叫透平油。调速器和水轮机主阀压油装置液压操作用油、推力轴承油槽和发电机上下导轴承油槽以及油润滑的水导轴承油槽用油均为此类油。

（2）机械油：机械油的黏度较大，用于机组辅助设备机械润滑。如电动机、起重机和水泵等润滑用油。

（3）空气压缩机油：供空气压缩机润滑用。在活塞和气缸壁间起密封作用。

（4）润滑脂：俗称黄油，供机组辅助机械的滚动轴承、两支点端盖式卧轴机组滚动轴承润滑用。

2. 绝缘油

根据使用对象不同，绝缘油分为变压器油、断路器油两种。

（1）变压器油：供机组电力设备绝缘和散热用，主要是变压器及电流、电压互感器等。

（2）断路器油：供油断路器绝缘、消弧用。目前，开关设备的绝缘和灭弧主要使用六氟化硫和真空等介质，断路器油在开关中已很少使用。

（二）油的作用

1. 汽轮机油的作用

机组汽轮机油的主要作用为润滑、散热及液压操作用。

（1）润滑作用：油在机组的运行件与约束件之间的间隙中形成油膜，以润滑油膜内部的液态摩擦，代替固体之间的干摩擦，从而减少设备的磨损和发热，延长设备的使用寿命，提高设备的机械效益和安全运行。

（2）散热作用：机组在运行时，轴承轴瓦和主轴轴领相对高速运转，由此产生大量的热，如果不能及时散热，将会使轴承损坏。汽轮机油能吸收产生的热量，并把热量传递给油槽内的冷却器，降低温度，确保机组安全运行。

（3）液压操作：用于水轮机调速系统的汽轮机油，作为液压介质，能传递压力，通过调速系统对水轮机的运行起到了调速作用。

2. 绝缘油的作用

绝缘油主要用于电气设备的散热、消弧和绝缘。

在高压电气设备中，有大量的充油设备（如变压器、互感器、电抗器等）。这些设备中的绝缘油主要作用如下。

（1）使充油设备有良好的热循环回路，以达到冷却散热的目的。在油浸式变压器中，就是通过油把变压器的热量传给油箱及冷却装置，再由周围空气或冷却水进行冷却的。

（2）增加相间、层间以及设备的主绝缘能力，提高设备的绝缘强度。例如油断路器同一导电回路断口之间绝缘。

（3）隔绝设备绝缘与空气接触，防止发生氧化和浸潮，保证绝缘不致降低。特别是变压器、电容器中的绝缘油，防止潮气侵入，同时还填充了固体绝缘材料中的空隙，使得设备的绝缘得到加强。

（4）在油路器中，绝缘油除作为绝缘介质之外，还作为灭弧介质，防止电弧的扩展，并促使电弧迅速熄灭。

二、油的质量标准及劣化和防止措施

（一）油的质量标准

为了使机组的各种设备处于良好运行状态，对油的性能和成分有严格的要求。现将其中部分指标介绍如下。

1. 黏度

液体质点受外力作用后相对移动时，分子间产生的阻力称为黏度。对汽轮机油来说，黏度大时，容易附着在金属表面，形成油膜，这是有利的；不利的是黏度过大会增加摩擦阻力，阻碍流动性差，不利于散热。因此，要选用黏度合适的汽轮机油。

一般地说，在轴承面传递压力大和转速低的设备中使用黏度较大的油，反之使用黏度较小的油。为便于流动散热，绝缘油的黏度应更小一些。

2. 凝点

油品失去流动性的最高温度称为凝固点。当油品达到凝固点后，不能在管道和设备中流动，还会使润滑油的油膜受到破坏。对于绝缘油，也会大大减弱散热和灭弧作用。故在寒冷条件下使用的油品，要求有较低的凝固点。

3. 闪点

在一定条件下加热油品，使油的温度逐渐增高，油的蒸气和空气混合后，遇火呈现蓝色火焰并瞬间自行熄灭闪光现象时的最低温度，称闪点。

闪点低的油品，特别是绝缘油易引起燃烧和爆炸。规定汽轮机油的闪点用开口闪点测定器测定，绝缘油的闪点用闭口闪点测定器测定。

4. 水分

新的绝缘油和汽轮机油不允许包含水分。但在运行中，水分可能由外界混入或由油氧化生成，将给设备带来不良的影响，必须加以重视。

油的绝缘强度是表征油绝缘性质的一项指标，通常以浸入试油中相距一定距离电极的最小击穿电压表示。绝缘油中含有水分时能使绝缘强度降低，如果油中含有 1/100 000 的水分，就可以使油的绝缘强度由 50kV 降低到 18kV。当绝缘油中有水分和固体杂质同时存在时，油的绝缘强度下降得更大。汽轮机油中混入水分时，不但会形成乳化，而且还会加速油的劣化，造成油的酸值增大、油泥沉淀物增多和对金属的腐蚀。

（二）油的劣化和防止措施

1. 油的劣化

水轮发电机组设备用油在储存与运行过程中，由于密封不严与运行中各种因素的影响，油中产生了水分，出现了杂质，增高了酸价，油中沉淀物增多。油的组成及性质发生了变化，改变了油原来的物理和化学性质，致使设备的安全经济运行得不到保证。机组用油发生的这种变化称为油的劣化。

油劣化的性质与程度，影响因素有多种，如新油组成成分和运行油的质量，油运行的方式和工作条件，油在运行过程中处于某种因素作用下的时间长短等。

油劣化的危害决定于油劣化时的生成物及其劣化程度，对于劣化时产生的溶解于油中的有机酸，增大油的酸价，腐蚀金属和纤维，加快油的劣化，对于劣化时产生不溶解于油中的油泥沉淀物，在油冷却器附近或油箱及管道和阀门等处，将大大妨碍油的散热及循环，使管道中循环油量减少，导致操作水轮机导叶或主阀时开关动作不灵，直接影响运行的安全。

对于高温下运行所产生的氢和碳化氢等气体，将与油面的空气相混合成为爆炸物，对设备运行更是危险，应严加注意。

2. 油劣化的原因及防止措施

油劣化的根本原因是油在高温下和空气中的氧起了化学反应，油被氧化了。氧化后的油酸价增高，闪点降低，黏度增加，颜色加深，并有胶质状油泥沉淀物析出。这不但影响了油的润滑和散热作用，还会腐蚀金属，使操作系统失灵。

促使油加速氧化的因素有以下几方面。

(1) 水分。水分混入油后，造成油的乳化，促进油的氧化，从而增加油的酸价和腐蚀性。对于机组的推力轴承和导轴承，因冷却水管路破裂、漏水、出汗等原因容易使水分进入油内。

为防止水分进入，应将用油设备密封，尽量与空气隔绝，注意冷却水压不宜过高，防止冷却器或管路渗漏。

(2) 温度。当油的温度过高时，会造成油的分解、蒸发和炭化，降低闪点，加速油的氧化。油温升高将加速油的氧化，因为温度升高时，油吸收的氧气量增加，氧化作用加快。油温升高将降低油的闪点，因为油吸收的空气量与温度成正比例，高温时吸气，低温时排气。高温时吸入空气中的氧与油进行氧化，所以排出气体中氧气已减少，而且带有甲烷，因而降低了油的闪点。

油温升高的原因主要是设备运行不良造成的。如机组过负荷、冷却水中断、油面过低或因轴承摩擦表面之间的润滑油膜被破坏而产生干摩擦等。由于机组安装不好，运转时摆度过大，机组运转条件不良而产生空化和振动等，都会影响机组油温升高。

设备运行时应保持油温在规定范围内。如温度过高，应开大冷却水管的阀门加强油的冷却，同时应检查机组运转是否正常，如负荷是否过高，机组摆度和振动是否过大，机组运行环境温度是否过高等。

(3) 空气。空气中含有的氧和水分，会引起油的氧化。空气中沙粒和尘灰状矿物质自然降落，会增加油中机械杂质。油和空气除直接接触外，还可以泡沫形式接触。泡沫使油与空气接触面积增大，氧化速度加快。

为防止空气与油接触，设备的注油和排油管口应低于油面，运行人员加油速度不能太快，避免因油的过大冲击带入空气。

(4) 电流。当电流通过油时，会对油进行分解，使油劣化，颜色变深，并生成油泥沉淀物。如发电机运行时所产生的轴电流，通过轴颈后穿过轴承的油膜，会使油质劣化。为防止轴电流产生，应做好发电机的轴绝缘，在轴承座上加绝缘垫隔断轴电流的通道，机组运行中要加强对轴电流的监视。

三、油系统的运行监督与维护

为保证水电厂机组设备安全经济运行，避免油类迅速劣化而发生设备事故，运行中必须对机组设备用油进行监督与维护。

(一) 油质的监测

1. 接受新油

水电厂新油一般由油罐车或油桶送至安装场。视电厂油库位置，采用自流方式或用油泵将新油送至储油罐。

运到的新油，均应按绝缘油和汽轮机油的标准进行全部试验。

2. 运行中油的监督与维护

机组运行过程中，运行人员应经常对设备用油进行观察，并取油样化验分析防止水分和杂质混入油中。油中的水分和杂质过多或油温过高，应及时分析研究找到原因，从速处理。

及时掌握油质量的变化情况，定时取油样，新油及运行第一个月内，每隔 10 天取样化验一次，运行一个月后，每隔 15 天取样化验一次。

当设备事故时，应研究事故原因，并对可否继续使用做出判断。

3. 油库存油的监督与维护

为了保证运行设备的及时添油和机组事故时更换净油，油库内应有足量存油并必须经常检查。检查内容为油质是否合乎标准，污油应经过滤机过滤，保证储油罐或油槽的清洁。

（二）油温的监测

油温应该按规程控制在一定范围内。油温过高，油易劣化；油温过低，油黏度增大。一般汽轮机油小于或等于45℃，绝缘油小于或等于65℃。

当机组冷却水中断，轴承工作不正常，可导致油温升高；冷却水水压过高或渗入油中，油中混水，导致油温迅速降低。

（三）油系统的检查、修理和清洗

为了掌握机组用油设备的现状是否正常，应及时对油系统进行检查。发现不正常应及时处理，如管道接头处漏油、油冷却器漏水、用油设备中油泥沉淀、金属及碎纸和棉纱等杂质混入油中等。及时掌握用油设备运行和油的变化规律，便可根据这些规律制订油的运行操作规程。机组油系统的检查、修理工作应做到经常化，以保持设备时刻处于良好状态。为保证设备的安全运行，应定期对用油设备、输出设备、净化设备和存油设备进行清洗。在输送新油与净油前，用油设备与输油管道必须经过严格清洗，以免设备与管道中残存的油泥、水分和机械杂质等污染新油和净油。

（四）油系统运行中的巡视检查

（1）检查油泵电源正常，各自动化测量元件信号正确，控制元件动作正常。

（2）检查油泵自动工作情况，启动是否过于频繁，异常时记录启动间隔时间是否超常。

（3）检查备用油泵是否频繁启动，如果是频繁启动，应加强检查管路及调速器管路系统是否漏油、泄油。

（4）检查压力油槽中油气比例是否合理，否则补高压气进行调整。

（5）集油槽油位、机组轴承油位是否在正常范围内。油量不足，应由专责人员按操作程序向轴承供油。

（6）检查调速器以及润滑用油管路有无漏油、渗油，各阀门位置正确。

（7）电动机及其电气回路检查，用鼻子闻、耳朵听、眼睛看，电动机和油泵运转声音正常，无异味。

（8）定期由检修专责油务人员，对运行中的油取样化验检查，也可以同机组轴承用油取样化验同时进行。

（9）检查电动机回路有无断相运行情况发生。如有，应及时停油泵，更换供电回路熔断器等，或调整接触器触头压紧度。

（五）机组运行时油系统常见故障

1. 水轮发电机导轴承的油位在运行中升高或降低

升高的原因可能是：油冷却器破裂或渗漏水进入油槽。鉴别办法是将油槽底部的油排出，可能放出水来，若经过化验证明无水，则可能是推力轴承油槽排油阀不严，油漏入上导轴承油槽内，因推力轴承油槽内油量多，不容易发现油位降低，但上导轴承油槽油量少，油位上升较快，容易发现。

机组运行时轴承油槽排油时，应监视油位，防止油位过低导致轴瓦烧损。

轴承油槽油位降低：如果在10～20天内油位下降2～3m，则可能是油槽渗油造成的。如油位下降较快，表面又未发现漏油处，则可能是油槽排油系统控制阀关闭不严造成的。

2. 水轮发电机运行时轴承甩油

轴承甩油分内甩油、外甩油两种情况。

（1）内甩油的原因和处理方法。当油质通过旋转件内壁与挡油圈之间甩向发电机内部，称为内甩油。产生此现象的原因是：机组运行时，由于转子旋转鼓风，使推力头或导轴颈内下侧至油面之间，容易形成局部负压，把油面吸高、涌溢，甩溅到电动机内部；由于挡油筒与推力头或导轴颈内圆壁之间，常因制造或安装的原因，产生不同程度的偏心，使设备之间的油环很不均匀，当推力头或导轴颈内壁带动其间静油旋转时，起着近似于偏心油泵的作用，使油环产生较大的压力脉动，并向上串油，甩溅到电动机内部。

处理方法：在推力头内壁加装风扇，当推力头旋转时，使风扇产生风压，即防止了油面的吸高，又可阻挡油液的上串。在旋转件内壁车阻尼沟槽，沟槽是斜面式的，且斜面向下，使上涌油流在沟槽中起阻尼的作用，沿斜面下流。在挡油筒上加装梳齿迷宫挡油筒，以此来加长阻挡甩油的通道，增大甩油的阻力，部分通过第一、二梳齿的油流，也将被聚集在梳齿油筒中，从筒底连通小孔流回油槽 。加大旋转件与挡油筒之间的间隙，使相对偏心率减小，由此降低油环的压力脉动值，保持油面的平稳，防止油液的飞溅上串。在旋转件上钻稳压孔，防止内部负压而使油面吸高甩油。

（2）外甩油的原因和处理方法。当油质通过旋转件与盖板缝隙甩向盖板外部，称为甩油。产生的原因是机组运行中，由于推力头和镜板外壁将带动黏滞的静油运动，使油面因离心力作用向油槽外壁涌高、飞溅或搅动，易使油珠或油雾从油槽盖板缝隙处逸出，形成外甩油。还会随着轴承温度的升高，使油槽内的油和空气体积膨胀产生内压，在它的作用下，油槽内的油雾随气体从盖板缝隙处逸出。

处理方法有：加强密封性能，在旋转件与盖板之间设迷宫槽，并装多层密封圈。在旋转部件的外侧加装挡油圈，以削弱油流离心力的能量，使油面趋于平稳。在油槽盖板上加装呼吸器，使油槽液面与大气连通，以平衡压力。合理地选择油位，不要将油面加的过高，对内循环推力轴承而言，其正常静止油面不应高于镜板上平面，导轴承正常静止油面不应高于导轴瓦的中心，若推力瓦与导轴瓦处于同一油槽时，其油位应符合两者中高油位的要求，超过上述油位时，即对降低轴瓦温度无效，而对轴承甩油却有害处。

（3）压力油装置常见故障及事故处理。油压降低处理：

1）检查自动、备用泵是否启动，若未启动，应立即手动启动油泵。如果手动启动不成功，则应检查二次回路及动力电源。

2）若油泵在自动控制状态下运转，应检查集油箱油位是否过低，安全减载阀组是否误动，油系统有无泄漏。

3）若油压短时不能恢复，则把调速器油泵切至手动，停止调整负荷并做好停机准备。必要时可以关闭进水闸门停机。

4）如遇压力油罐泄漏事故或压力油罐爆破事故，将造成调速器无法关机的严重事故时，必须果断关闭主阀，将水轮机组停止下来，同时按紧急停机流程处理。

压力油罐油位异常处理：

1）压力油罐油位过高或过低，应检查自动补气装置工作情况，必要时手动补气、排气，调整油位至正常。

2）集油箱油面过低，应查明原因，尽快处理。

(4) 漏油装置异常处理。漏油箱油位过高，而油泵未启动时，应手动启动油泵，查明原因并尽快处理。油泵启动频繁且油位过高时，应检查电磁配压阀是否大量排油及接力器漏油是否偏大，并联系检修人员处理。油泵故障，应联系检修人员处理。

第三节　气系统的运行与维护

一、气系统的作用及基本组成

(一) 压缩空气系统的作用

空气具有极好的弹性（即可压缩性），经压缩后，是储存压力能的良好介质。压缩空气使用方便、安全可靠，易于储存和运输，因此，在水电站得到了广泛应用，无论在机组运行中还是在检修和安装过程中，均需使用压缩空气。

1. 压缩空气系统在水电站中的应用

(1) 水轮机调节系统及进水阀操作系统的油压装置用气。

(2) 机组停机时制动用气。

(3) 机组调相运行时转轮室充气压水及补气。

(4) 维护检修及吹污清扫用气。

(5) 水轮机主轴检修密封及进水阀空气围带用气。

(6) 发电机、变压器封闭母线正压用气。

(7) 在寒冷地区闸门、拦污栅等处防冻吹冰用气等。

2. 使用压缩空气的设备用气压力

(1) 供液压操作的油压装置压力油槽用气：额定工作压力一般为 2.5MPa，大型机组选用 4MPa 或 6MPa。目前国内调速器最高油压已达 16MPa。

(2) 机组停机过程中的制动用气：额定压力 0.7MPa。

(3) 水轮发电机组调相运行时转轮室压水用气：额定压力 0.7MPa。

(4) 机组、设备在安装、检修中的风动工具及设备吹扫清污用气：额定压力 0.7MPa。

(5) 水轮机主轴检修围带密封充气、发电机封闭母线微正压用气：额定压力 0.7MPa。

(6) 蝴蝶阀止水围带充气：工作压力应比阀门承受的水压力高 0.2～0.4MPa。

根据电站用气设备实际所需用气压力不同，工作性质及要求不同，将水电站的压缩空气系统进行分类：厂内中压气系统大于或等于 2.5MPa，主要供厂内油压装置压力油槽充气用；厂内低压气系统小于或等于 0.7MPa，主要供机组加闸和清扫用风。

当然，也有将水电站组成的压缩空气系统以压力不同分为低压（1.0MPa 以下）、中压（1.0～10MPa）和高压（10MPa 以上）。

(二) 压缩空气系统的任务和组成

水电站压缩空气系统的任务，就是及时、可靠地供给用气设备所需的气量，同时满足用气设备对气压、清洁和干燥的要求。

压缩空气系统由四个部分组成：

(1) 空气压缩装置。包括空气压缩机、电动机、储气罐和气水分离器。

（2）供气管网。由干管、支管和管件组成。管网将气源和用气设备联系起来，输送和分配压缩空气。

（3）测量和控制元件。包括各种类型的自动化元件，如压力信号器、温度信号器、电磁空气阀等。其主要作用是监测、控制并保证压缩空气系统的正常运行。

（4）用气设备。如油压装置的压力油罐、制动闸、风动工具等。

二、气系统的运行与维护

（一）气系统投运前的检查项目

（1）根据设计图纸，对高、低压空气压缩机一次供电回路的开关、熔断器和电动机进行外部检查。

（2）风泵电动机各项电气试验，包括定子绕组直流电阻值、对地绝缘电阻值等项目试验应全部合格。

（3）风泵电动机外壳接地良好，电源正常。

（4）电动机自动控制回路的检查，压力信号器整定值及接点检查。

（5）空气压缩机本体检查，包括卸荷阀动作检查合格，空气过滤器检查合格。

（6）空气压缩机输出气管及阀门按编号进行检查，各阀门处于正确的关或开位置。

（7）确认压力储气罐压力试验合格。

（8）如果是水冷式空气压缩机，启动时，冷却水压应正常。

（9）低压空气压缩机启动时应自动打开卸荷排气阀，实现空载启动，经一定时间才自动关闭并带负荷正常运转。

（二）气系统投入运行与停止

1. 低压空气压缩机的投入运行与停止

（1）首先将空气压缩机电动机启动回路的切换开关放“手动”位置，进行手动启动，观察电动机和空气压缩机运转情况，检查卸荷阀动作正常，空载启动运转正常。

（2）检查电动机和空气压缩机及全部管路和阀门有无漏气、泄气现象。

（3）“手动”位置运行正常后，将切换开关切向“自动”位，一台机放“主用”，另一台机放“备用”。

（4）进行空气压缩机“自动”停机试验，压力在0.7MPa时应自动停机。

（5）进行备用机“自动”启动试验，压力下降到0.5MPa时，备用机自动启用，两台空气压缩机同时运转。

（6）进行“主用”机启动试验，压力下降到0.6MPa时，“主用”机自动启动。

（7）一般1～2个月将两台空气压缩机“主用”和“备用”状态定期互换，以使两台机的工作时间相近。

2. 中压空气压缩机的投入运行与停止

中压空气压缩机的投入运行和停止与低压的基本相同。中压空气压缩机操作时应注意声音、气压是否正常，以及管路和阀门工作情况。

（三）气系统巡视检查与事故处理

1. 气系统运行中的巡视检查

（1）定期对中压空气压缩机进行手动开机运转检查。

（2）低压空气压缩机较长时间未自动启动运转时，应切换至手动状态进行运转检查。

（3）自动启动过程中，监视启动间隔时间是否异常。

（4）检查各压力表指示情况，压力信号器接点动作情况。

（5）检查管路各阀门位置是否正确，有无漏气现象。

（6）定期对储气罐及气水分离器进行排污，发现含水量和含油量过大时，应及时查明原因并进行处理。

（7）检查润滑油是否正常。

（8）检查气体压力是否正常。

（9）检查冷却水压力是否正常。

（10）检查油槽油位是否正常，油质是否合格。

（11）检查转动声音是否正常，有无振动。

（12）检查空气过滤器是否正常。

（13）定期将低压空气压缩机的“主用”和“备用”轮换切换。

（14）检查机组制动回路管路阀门位置是否正确，机组自动制动电磁空气阀位置是否正确。

（15）调相机运行时，检查巡视低压气和转轮室压水情况，并监视低压空气压缩机启动运转情况有无异常，压力是否正常。

2. 气系统常见故障及处理

（1）当空气压缩机在运转中出现异常响声或振动声时，其原因及处理方法如下：低压空气压缩机检修后阀室中活塞顶点与缸盖调整间隙太小，吸气阀安装位置不对或元件松弛，阀片或弹簧损坏。此时应立即停止空气压缩机运行，按要求做好检修安全措施。气缸内检修后遗留金属碎片，连杆衬套和活塞环过度磨损，此时应通知检修人员分解检查并更换处理。曲轴箱内连杆瓦和滚子轴承过紧或曲轴挡油圈松脱，飞轮未装紧或键配合过松，应通知检修人员分解检查更换处理。空气压缩机和电动机基础螺栓松动，调整紧固基础螺栓。

（2）空气压缩机在运转中温度异常升高时，其原因及处理方法如下：润滑油严重变质，特别是润滑油油量严重不足，应更换或补充新的润滑油。活塞、轴承严重磨损或轴瓦烧毁，使润滑油油温升高，此时应立即停机，做好措施通知检修分解处理。吸排气网被堵或吸气阀未全开，吸气阀关闭不严、漏气，使效率降低或用气量过大，运转时间过长，此时应清扫吸气网或全开吸气阀，分解调整更换吸排气阀，调整临时用气，关紧系统排气阀，消除漏气点。冷却水中断或冷却水量不足，水路内部积垢堵塞，此时，应检查水阀和自动给水阀位置正确，分解清扫冷却系统使水路畅通。

（3）空气压缩机运行效率降低，送气时间过长时，其原因及处理方法如下：吸气网堵塞或吸气阀未全开，此时，应检查清扫吸气网，全开吸气阀。吸排气阀阀片弹簧损坏或卡住漏气时，此时，应通知检修部门检查处理。活塞环、刮油环及气缸磨损漏气，活塞顶点与缸盖间隙过大，此时，应通知检修检查处理。系统漏气量过大或用气量增大，此时，应检查阀门和管路法兰消除漏气点，调整临时用气量。

（4）低压空气压缩机无法自动停机时，其原因及处理方法如下：自启动电接点压力表接点黏结，此时，应断开电源开关，通知检修部门检查处理。自启动中间或时间信号器黏结或断线，此时，应断开电源开关，通知检修部门检查处理。低压空气压缩机磁力启动器三相触头烧结黏住，此时，应断开电源开关，通知检修部门检查处理。注意：自动运行状态的低压空气压缩机，无论出现什么故障，都应首先断开其电源再将备用低压空气压缩机投至自动位置（除自动元件有缺陷外），再逐条逐项检查处理故障。

第二章

水轮机调速器的运行与维护

第一节　调速器的作用

按我国电力部门的规定，电网的额定频率为50Hz，大电网允许的频率偏差为±0.2Hz。对中小电网来说，系统负荷波动有时会达到其总容量的5%～10%；而且即使是大的电力系统，其负荷波动也往往会达到其总容量的2%～3%。电力系统负荷的不断变化，导致了系统频率的波动，因此要不断调节水轮发电机组的输出功率，维持机组的转速（频率）在规定的范围内，就是水轮机调速器的基本任务。

水轮机调速器是水电站水轮发电机组重要辅助设备，它与电站二次回路以及计算机监控系统相配合，完成水轮发电机组的开机、停机、负荷调整、紧急停机等任务。水轮机调速器还可以和其他装置一起完成自动发电控制、成组控制、按水位调节等任务。另外当电网发生事故时，配合断路器跳闸，迅速、稳定的完成甩负荷过程，将导水口关闭，防止水轮发电机组损坏。

总之，水轮机调速器的基本任务是维持进入水轮机的水能与发电机输出的电能平衡，或者是维持水轮发电机输出的电能的频率恒定，也就是调速器的一次调频功能。除此以外，调速器还有如下功能：

（1）机组的操作：机组的开机、停机操作；频率和负荷调整、发电、调相、抽水（对于抽水蓄能机组）等情况的转换；手动和自动情况的切换等。

（2）保证机组的安全运行：当水轮发电机组及其辅助设备出现故障时实现紧急停机，以保障机组和辅助设备的安全。

（3）保证机组的经济运行。

（4）保证机组并网运行。

第二节　调速器的组成

水轮发电机组的调速器主要由电气控制和机械执行两大部分组成，两者共同完成机组的控制和调节。

一、调速器的电气控制部分组成

一般微机调速器的硬件系统可分为如下几大部分。

1. 主机系统

主机系统是整个微机调速器的核心。它通过强大的逻辑与数字处理能力，完成数据采集、信息处理、逻辑判断及控制输出。它一般由CPU、程序存储器、数据存储器、参数存储器及接口电路等组成。

2. 模拟量输入通道

模拟量输入通道用于采集外部的模拟量信号，在水轮机调速器中，这些量为导叶开度、桨叶角度（轴流转桨水轮机）、电站水头及机组出力等。

3. 模拟量输出通道

模拟量输出通道用于将微机内的特定数字量转换为模拟量送出。一般多送出控制信号，如期望的导叶开度值、桨叶角度值或者是其相关的控制信号。此外，也可能将某特定的值送仪表进行显示。

4. 频率信号测量回路

频率测量回路是微机调速器的关键部件。该回路用于测量机组和系统频率，并将结果送至CPU。或将频率信号转换成一般形式的信号，送CPU进行测量。频率测量回路一般由隔离、滤波、整形、倍频等电路构成。

5. 开关量输入通道

开关量输入通道用于接收外部的开关状态信息或接收人工的操作信息。在微机调速器中，输入的开关量主要有：发电机出口断路器位置信号、开机命令、停机命令、调相命令、调相解除命令、开度增加或减少命令、频给增加或减少命令、机械手动位置信息、电气手动位置信息等。开关量输入通道一般由光电隔离回路和接口电路两部分构成。

6. 开关量输出通道

开关量输出通道用于输出控制和报警信息，信息类别视不同的调速器有较大的差别。开关量输出通道一般由接口电路、光电隔离回路和功率回路三部分构成。

7. 通信部分

通信功能是微机调速器不同于早期其他种类调速器的一个显著区别。因具有通信功能，微机调速器可方便地与其他计算机系统交换信息。

8. 人机接口

人机接口主要完成两个任务，一个是设备向人报告当前工作情况与状态信息，另一个是人向设备传送控制，操作和参数更改等干预信息。

人机界面是在操作人员和机器设备之间双向沟通的桥梁。随着科技的发展，以往的操作界面需要熟练的操作员才能操作，而且操作困难，无法提高工作效率。但是使用人机界面能够明确指示并告知操作员机器设备的目前状况，使操作变得简单，并且可以减少操作上的失误，即使是新手也可以很轻松的操作整个机器设备。使用人机界面还可以使机器的配线标准化、简单化，同时也能减少PLC控制器所需的I/O点数，降低生产的成本，同时由于面板控制的小型化及高性能，相对地提高了整套设备的附加价值。

触摸屏作为一种新型的人机界面，从一出现就受到关注，它简单易用、功能强大及优异的稳定性使它非常适合用于工业环境。在微机调速器的人机对话中，越来越多地使用了触摸屏。

9. 供电电源

微机调速器的工作电源一般分为数字电源、模拟电源和操作电源。数字电源为微机系统的工作电源，一般为5V。模拟电源为信号调理回路的工作电源，一般采用正负对称的双电源，如±15V或±12V。操作电源为开关信号输入回路和输出回路提供电源，一般为24V。为保证整个系统的可靠性，操作电源必须与数字电源，模拟电源相隔离。为保证整个系统可靠供电，调速器电源部分一般采用冗余结构，交流和直流220V双路同时供电，当交直流电源中任意一路电源故障时，另一路仍可正常供电。或者正常运行时交流供电，直流电源热备用。当交流电源故障时，能自动地切换到直流电源供电，并对调速器不会产生任何冲击和扰动。

二、调速器的电气控制部分功能

微机调速器的基本功能为自动控制功能和自动调节功能。在自动控制功能方面，调速器应能根据运行人员的指示，准确迅速地实现水轮发电机组的自动开机、发电和停机等操作。在自动调节功能方面，调速器应能根据外界负荷的变化，及时调节水轮机导叶开度，改变水轮机出力，使机组出力与负荷平衡，维持机组频率为50Hz左右。

目前应用最广泛的是PLC微机调速器，一般PLC水轮机微机调速器具有如下功能：

(1) 频率测量与调节功能。双通道PLC微机调速器可测量发电机组和电力系统频率，并实现对机组频率自动调节和控制。

(2) 频率跟踪功能。当频率跟踪功能投入时，双通道PLC微机调速器自动调整机组频率跟踪电力系统频率的变化，能实现快速自动准同期并网。

(3) 自动调整与分配负荷的功能。机组并入电力系统后，双通道PLC微机调速器将按整定的永态转差系数b_p值，自动调整水轮发电机组的出力。

(4) 负荷调整功能。接受上位机控制指令，调整机组出力。

(5) 开停机操作功能。接收上位机控制指令实现机组的自动开停机操作。

(6) 紧急停机功能。当机组遇到电气或水机故障时，上位机发出紧急停机命令，实现紧急停机。

(7) 主要运行参数的采集和显示功能。自动采集机组和调速器的主要运行参数，如机频、网频、导叶开度、调节器输出值和调速器调节参数等，并有实时显示功能。

(8) 手动操作功能。当调速器电气部分故障时，PLC微机调速器具备用手动操作的功能，设有机械液压手动操作机构、电气手动操作机构。

(9) 自动运行工况至手动运行工况的无扰动切换功能。

(10) 两个系统之间进行自动的、无扰动的切换。双通道PLC微机调速器具有各种诊断功能，调速器自动运行时，当系统级的故障被检测出来以后，应及时将调速器由故障系统切换到备用系统运行。这一切功能都是在硬件的基础上，通过软件程序来实现。

三、调速器的机械部分

调速器的机械部分为调速器的执行机构，它接收来自电气部分的电气信号，来控制导叶的开启和关闭，从而控制机组的转速或有功负荷。

(一) 电液转换环节

过去的电液转换环节常用电液转换器来实现，但现在已经基本淘汰，使用较多的是数字式、步进式转换等。

数字式是采用脉冲控制电磁数字球阀，输出高电平或低电平控制线圈动作和复位，从而控制油路（包括开方向和关方向）的通和断。

步进式是由调速器电气部分输出高、低电平开关信号到驱动器的正转/反转端，使步进电动机正、反方向旋转控制接力器的开或关。输出脉宽调制信号占空比（PWM）到驱动器的停止/运行端，控制步进电动机的旋转角度来调节接力器的速度。驱动器的速度控制端加一恒定的电压 2～3.5V 控制步进电动机的最高转速。

电—位移转换器是水电站调速器中连接电气部分和机械液压部分的关键元件。将电动机的转矩和转角转换成为具有一定操作力的位移输出，并具有断电自动恢复中回零的功能。它的作用是将调节器电气部分输出的综合电气信号转换成具有一定操作力和位移量的机械位移信号，从而驱动末级液压放大系统，完成对水轮发电机组进行调节的任务。

（二）液压放大机构

对于数字式小型调速器，采用换向阀结构作为液压放大级，根据最大通油量的不同来对不同容量的接力器进行控制；对于大型的数字式调速器，采用插装阀结构作为液压放大级，一般为 32mm 通径。

对于步进式，采用引导阀和主配压阀作为液压放大级，构成二级放大机构。电液转换器与引导阀直接连接，引导阀同时产生位移并通过液压放大器使主配压阀活塞也产生相应的位移，主配压阀因此向主接力器配油并使之移动。根据所需操作功的不同，主配压阀的直径也不同。

（三）机械执行机构

机械执行机构为主接力器，它直接操作导叶或桨叶动作，改变导叶的开度（及桨叶的角度）以改变水流对机组的出力。它属于液压放大系统的末级装置。

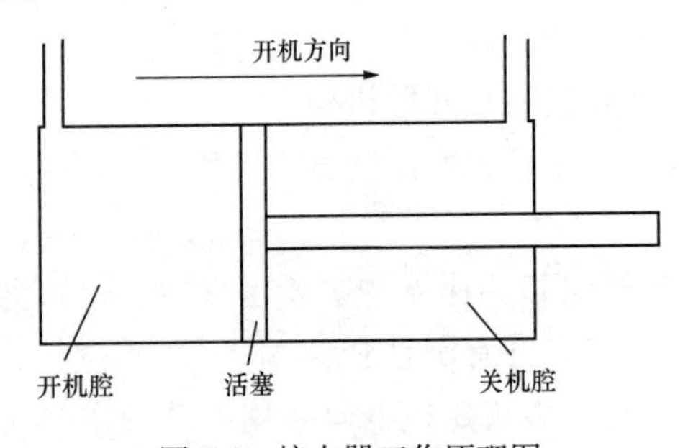

图 2-1　接力器工作原理图

它的工作原理如图 2-1 所示。假如以接力器向右移动为开机方向，当压力油路通向开机腔的时候，关机腔接通排油，由于活塞两侧油腔存在压力差，则压力油推动活塞向开机方向移动；当压力油路通向关机腔的时候，开机腔接通排油，由于活塞两侧油腔存在压力差，则压力油推动活塞向关机的方向移动。因此只需要改变压力油路就可以控制控制接力器向开或者关的方向移动。

（四）辅助设备

压油装置为操作导叶提供能源，由压力油罐、集油槽、油泵、电动机等组成。该装置提供液压原动力，通过液压放大级放大来达到操作导叶所需要的极大操作力。目前采用的压油装置一般有 2.5MPa、4.0MPa 和 6.3MPa 三个等级。油压装置的油压主要靠压缩空气来产生。常规油压的油气比一般为 1∶2，可手动或自动补气来保持这一油气比。

调速器配置油过滤装置——双联滤油器，过滤精度 20μm，该过滤装置能在正常运行中进行清洗。双联滤油器有两组滤网，运行时可用旋塞进行快速切换而不中断供油。每组滤网有粗滤网及细滤网各一个，经粗滤的油供引导阀、辅助接力器。滤油器滤网为并联两组，互为备用，能自动切换，切换时不影响液压系统正常工作。

第三节　调速器的运行

调速器一般有三种控制模式：远方自动、现地电手动和现地机械手动控制。三种控制模式的优先级依次为现地机械手动、现地电手动、远方自动。

上述三种控制模式，也是三种运行工况。当电气部分发生故障时，可自动切换至机械手动状态。图 2-2 所示为调速器的几种运行工况。

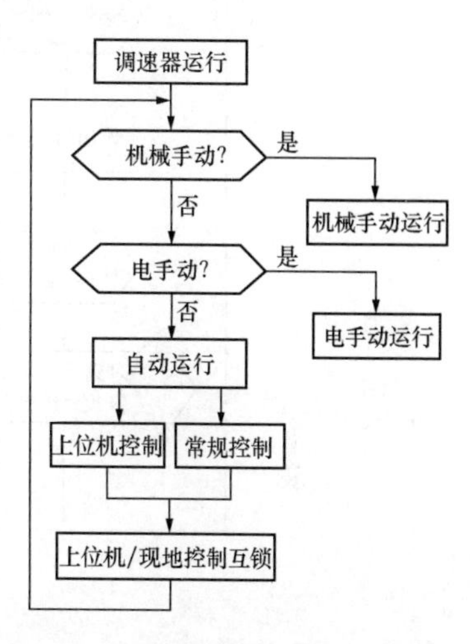

图 2-2　调速器的几种运行工况

各种工况之间相互跟踪，因此无论是自动还是手动改变调速器的控制模式均无扰动，当采用负荷跟踪切换运行方式时无波动。频率调节、功率调节、开度调节、水位调节运行模式可手动或自动转换，无任何扰动。

调速器设有可调的电气导叶开度限制功能，导叶电气开度限制能按水头自动改变空载开度给定值及限制负载机组出力。导叶限制可在远地、远方进行调整及数值显示。

一、远方自动运行工况

（一）停机备用

调速器自动运行时，在停机备用工况一般设有停机联锁保护功能。其作用是防止机组在备用时误开导叶。停机联锁的动作条件是：无开机令、机组断路器在分闸位置、机组转速小于 70%。此时，当由于某种原因导叶的开度大于 5%时，紧急停机电磁阀动作关闭导叶。

当停机联锁动作时调速器电气输出关机信号到机械液压系统，使接力器关闭腔始终保持压力油，确保机组关闭。

（二）自动开机过程

机组处于停机等待工况，由中控室发开机令，调速器将接力器开启到 1.5 倍空载位置，等待机组转速上升，如果这时机频断线，自动将开度关至最低空载开度位置。当机组转速上升到 90%以上，调速器自动将开度回到空载位置（该空载位置随水头改变而改变），投入 PID 运算，进入空载循环，自动跟踪电网频率。当网频故障或者孤立小电网运行，自动处于不跟踪状态，这时跟踪机内频率给定。图 2-3 所示为调速器自适应闭环开机过程。

调速器可实现现地开机或由电厂计算机监控系统远方控制机组开机。

（三）空载运行工况

在自动控制方式下，调速器能控制机组自动跟踪电网频率。当启动同期命令后，调速器应能快速进入同期控制方式。在空载运行方式下，导叶开度限制应稍大于空载开度。

机组在空载运行时，使机组频率按预先设定的频差自动跟踪系统频率或频率给定值（“频率给定”调整范围：45～55Hz）。

调速器可自动或人为选择频率跟踪或不跟踪的状态，更利于机组与电网同步，调速器根据网频或孤立电网来自动选择设置频率跟踪或不跟踪状态（也可以人为手动设置）。它能控制机组频率与电网频率（或频率给定）相接近。图 2-4 为空载运行示意图。

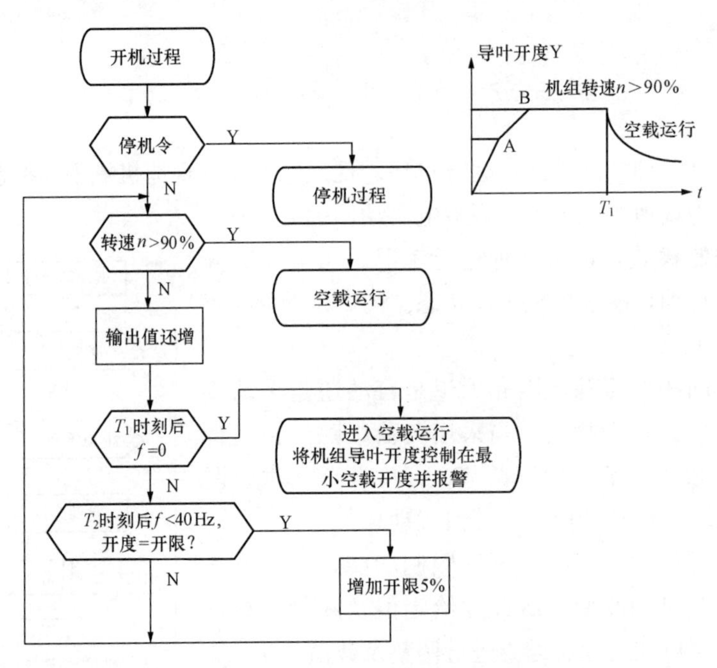

图 2-3　自适应闭环开机过程

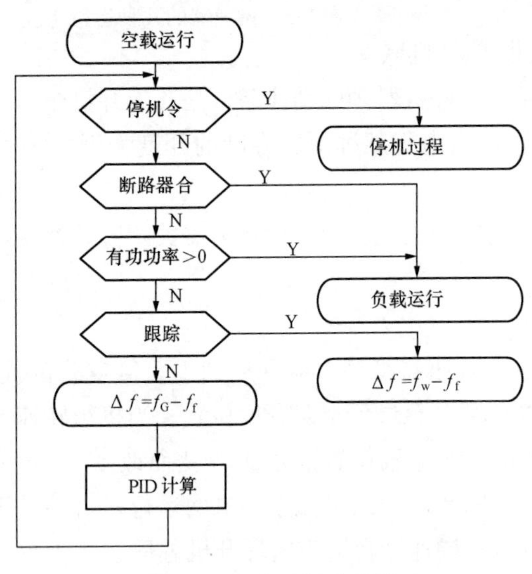

图 2-4　空载运行示意图

Δf—频差；f_w—网频；f_f—机频

（四）负载运行工况

在负载运行工况下，调速器可按监控系统给定值的大小自动控制机组出力。电气开度限制值为机组运行时导叶的最大开度值，该值同时也确定了机组的最大出力，最大出力也就是机组的额定功率。调速器接受电厂计算机监控系统发出的控制信号对机组进行调节，有开度调节、功率调节和频率调节三种调节模式。

现地（机旁手动）或远方（手动或自动）有功调节能满足闭环控制或开环控制来调整机组负荷。现地/远方具有互锁功能，在远方方式下能够接受电厂计算机监控系统发出的负荷增减调节命令，具有脉宽调节（调速器开环控制）、数字量、模拟量定值调节有功功率和机组开度的功能。

当功率调节模式下功率反馈故障时自动切换到开度调节模式下运行。

当在开度调节或功率调节模式下，自动判断大小电网，当判断为小电网或电网故障（线路开关跳闸而出口开关未跳）自动切换到频率调节模式运行。

根据频率的变化以及负荷或开度的调整，对频率引起的变化作为判断大小电网的依据，自动改变运行模式。在开度调节或功率调节模式下，当判断为小电网或电网故障自动切换到频率调节模式运行。

当机组出口断路器闭合且电网频率连续上升变化超过整定值（整定值可以根据现场实际确定，默认值50.3Hz）或机组功率突然大幅度下降时（突降10%以上），可确定机组进入甩负荷或孤立电网工况，调速器自动切换到频率调节模式，迅速将导叶压到空载开度，机组转速稳定在额定转速运行。图2-5所示为负载运行示意图。

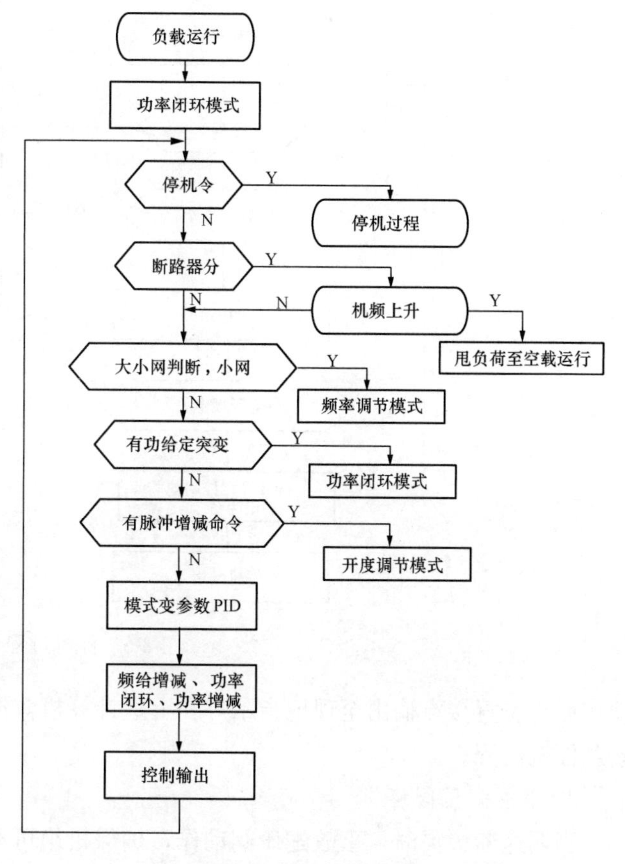

图2-5 负载运行示意图

（五）运行工况切换

调速器自动、电手动、机手动工况之间可任意切换且没有扰动。

当电源消失时，调速器保持当前开度不变。当电源恢复后，自动跟踪当前开度，无扰动的恢复到当前运行工况。运行方式切换有如下几种：

（1）现地、远方之间任意切换。

（2）自动、电手动、机手动之间任意切换。

（3）频率、功率、开度调节模式之间的切换。

（4）频率跟踪功能的投入、切除。

（5）人工频率死区的投入、切除。

（6）自动水头、人工水头之间任意切换。

（7）残压TV、齿盘任意切换。

（8）交流、直流电源的投入、切换。

（六）自动停机

调速系统在接收停机令后在下列情况下使机组停机。停机过程如图2-6所示。

1. 正常停机

一般停机：在电手动或自动运行工况能实现现地或远方操作停机，断路器在机组零出力跳闸后，接受停机令停。

停机连跳：并网运行时可接收停机令。当关至空载开度（并网瞬间值）或机组零出力时由监控系统控制断路器跳闸后完全关闭导叶。当断路器未跳闸时，保持空载和零出力状态。

2. 紧急停机

机组紧急停机时，外部系统下发紧急停机令或值班员手动操作紧急停机按钮时紧急停机电磁阀动作，调速器以允许的最大速率（调保计算的关机时间）关闭导叶。

机组在事故情况下可由外部回路快速、可靠地动作紧急停机电磁阀，当紧急停机电磁阀

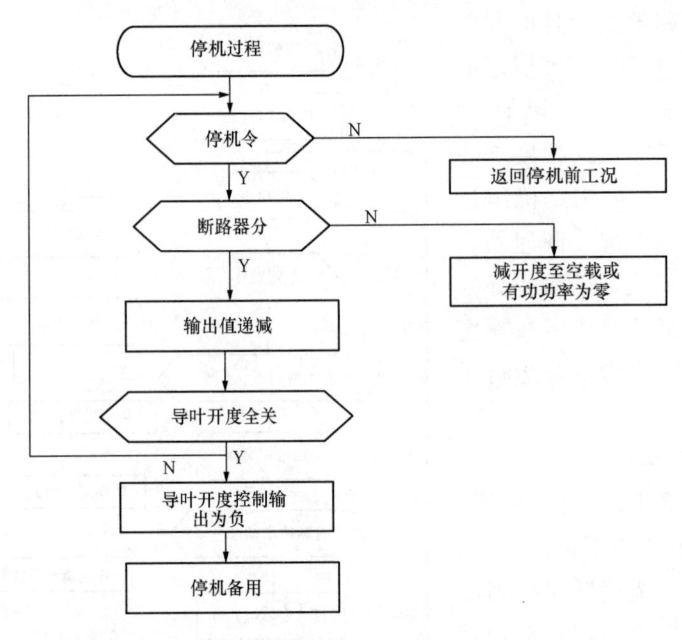

图 2-6　停机过程

动作后有位置接点输出至现地指示灯和上送计算机监控系统，并同时由计算机监控系统启动紧急停机流程。

3. 事故配压阀停机

当调速器失灵时，事故配压阀动作，确保机组可靠停机。

4. 机械过速保护装置

设计有机械过速保护装置的调速系统，由机组转速上升值控制机组可靠停机。

（七）电手动运行工况

电手动操作流程如图 2-7 所示，电手动控制模式的增减导叶开度的精度（0.1%接力器全行程）高于机械手动。

电手动一般用于检查、判断和调整机械液压系统零位，校对导叶开度的零点和满度。当机组转速信号全部故障时，可人为启、停机组，增减负荷；当系统甩负荷时，自动关到最小空载开度并接受紧急停机信号。

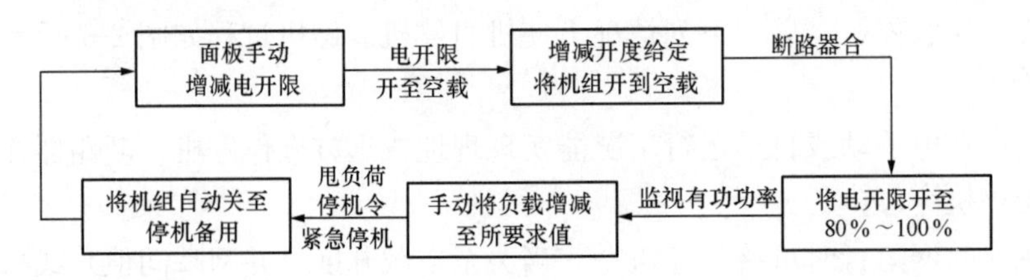

图 2-7　电手动操作流程

（八）机械手动运行工况

机械纯手动操作流程：机械纯手动控制模式的增减导叶开度的精度（0.3%接力器全行程）一般用于检验机械液压系统的动作情况，适用于大修后第一次启动机组。

当全厂供电电源消失后，可人为手动操作启、停机组，增减负荷；并接受紧急停机信号。图 2-8 所示为机械手动运行。

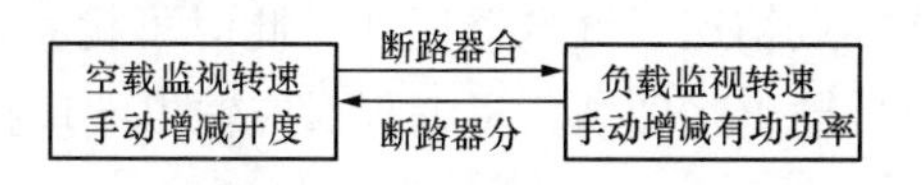

图 2-8 机械手动运行

第四节 调速器的异常处理及巡回检查

一、调速器的异常处理

调速器的故障分为一般故障和严重故障两种。一般故障包括网频故障、机频故障。

发生网频故障时，调速器自动跟踪频率给定。网频故障一般主要是由于检测网频的 TV 熔断器熔断或二次空气开关跳闸所导致，或是网频检测硬件损坏。如果是 TV 熔断器熔断或二次空气开关跳闸可更换熔断器或合上小开关，恢复网频。若是硬件损坏，应及时通知检修人员处理。

发生机频故障时，调速器维持当前导叶开度不变，此时上位机无法调节，调速器应切"机手动"，现场监视，及时联系检修处理。如果要停机处理，只能手动停机。

严重故障包含导叶反馈断线、导叶控制故障、主配反馈断线。发生上述严重故障后，调速器的 PLC 控制自动退出，上位机无法调节，调速器维持当前导叶开度不变，此时调速器应切"机手动"，现场监视，联系检修处理，如果要停机处理，只能手动停机。

调速器运行中，若一套电源失电时，调速器运行不受影响，但应及时查找原因，尽快恢复送电。若两套电源全部失去，机组导叶维持现开度不变，调速器切手动，现场监视，及时联系检修处理。

当调速器出现瞬时故障时其故障可自动返回，无需人为手动复归，此时可通过调速器人机界面的"事件报告"窗口查看具体故障内容。

二、调速器常见故障的处理

所谓常见故障是指调速器投运前或大修后经过调整、试验合格，能投入正常运行，在以后的正常运行中，由于调速器部件产品质量问题，机构松脱变位、机械杂质堵塞、参数设置改变等原因引起的故障。为帮助运行人员迅速判断故障原因和故障部位及时排除故障，本节列举了可编程调速器运行时可能发生的故障及处理措施。

（一）开机、并网及空载运行时常见故障

1. 上电后出现电气故障无法开机

该故障的可能原因有：

（1）可编程控制器的运行开关未置于"RUN"位置，"RUN"灯未亮，可编程没有投入运行，可能导致电气故障灯亮。

（2）可编程控制器故障，此时可编程故障灯亮。导致可编程控制器故障有多种原因，主要的有模块故障，程序运行超时，状态 RAM 故障，时钟故障等。此时应先切手动，暂停运行，过一会儿再重新启动，一般即可恢复正常。

如果是常驻性故障，应检查相关模块运行指示灯是否正常，对不正常的模块应进行更换。

(3) 电气故障，继电器接点粘连或继电器损坏。此时可检查可编程控制器“电气故障”端子是否有“电故障”的信号输出（即观察可编程对应输出端口指示灯是否亮）即可判断是否是继电器的问题。

(4) 测频故障导致“电气故障”灯亮，观察显示屏是否显示“机频故障”。

2. 手动开机并网，切至自动后导叶全关

(1) 水机自动屏/LCU的停机令未复归。

(2) 电气部分连线接触不良、元件损坏。如PLC的调节输出电压未送至综合放大板，功率管损坏短路，或调节阀的线圈与控制信号线接触不良等。

(3) 若调节器输出有开机信号，则可能是电液转换部件卡在关机侧，清除电液转换部件故障。

3. 发开机令后调速器不响应

(1) 调速器没有切为自动状态。手动状态时，切除了电气部分对机械部分的控制，上位机指令不起作用。

(2) 紧急停机电磁阀没有复归。由于采用具有定位功能的两位置电磁换向阀，紧急停机信号解除后，电磁换向阀保持在原紧停位置，必须在复位线圈通电后，紧急停机功能才能解除。

(3) 水机自动屏/LCU的停机令未复归。电站试验、事故检查后，易发生停机令未解除的情况，停机令级别高于开机令，调速器执行停机令。

(4) 电液转换部件被机械杂质卡住。在机组运行初期易出现。

4. 开机后，机组频率稳定值小于50Hz

(1) 调速器未投入跟踪网频时，频率给定值小于50Hz时。可人工调整（增加）按频率给定值调节机组频率；若自动准同期装置投入也会增减频给。

(2) 空载开限值小于实际空载开度，故机组频率小于50Hz，适当调大空载开度限制值。

(3) 人工给定水头信号时，可能水头给定值偏小，导致空载开限低，调整水头值。

5. 机组自动空载频率摆动值过大

(1) 如果手动空载频率摆动值过大，如为0.5～1.0Hz，而自动空载频率摆动在0.5Hz以上，这是由于机组结构和水流等因素造成，调整调节参数K_P、K_I和K_D有可能使空摆减小一些，调整原则是使调速器动作加快，即适当增大K_P和K_I整定值，增大K_D效果比较明显。若摆动值偏大而且等幅摆动，周期短，可能是调节参数设置不当，适当减少K_I。若摆动值偏大，而摆动周期长，可能是随动系统放大系数偏小所至，适当增大随动系统中的放大系数。

(2) 调节参数设置不当。积分系数过大，系统表现为较大的滞后特性，机组频率可能出现较大的等幅振荡。比例系数过大，意味着较低频率偏差也会有较大的调节信号输出，因过调节而造成机频多次振荡。

(3) 随动系统放大倍数偏小，死区补偿不足。由于中位密封的需要，各种液压滑阀处于中位时有一定的搭叠量，控制时需由电气部分进行死区补偿。较大的死区会使得机组频率等幅振荡，死区越大，振荡幅值越大。

(4) 机组频率信号源受到干扰，导致机频无规则的摆动。常见的问题有：频率线未用屏蔽线或屏蔽线接地不良，或一根频率线悬空；频率信号线与动力线近距离并行；在机组首次开机时残压太低；电站中大功率电气设备启停、直流继电器或电磁铁吸/断造成的强脉冲电磁干扰等。

(5) 接力器与导水机构间有过大的机械死区。这种情况下，调速器手动时机组频率摆动可达0.2～0.3Hz，甚至更大，自动时机组频率摆动则大于或等于上述值，若调节PID参数也无明显效果，应停机检查并处理。

(6) 导叶位移传感器松动或在某区域接触不良，使得反馈信号不是随接力器的行程线性变化，甚至造成反馈信号无规则的跳动。

(7) 调速器至接力器的油管路中存在空气，导致接力器的不规则抽动。

(二) 机组带负荷运行时常见故障

1. 溜负荷

所谓溜负荷是指在系统频率稳定，也没有进行减负荷操作的情况下，机组负荷全部或部分自行卸掉。其原因可能有：

(1) 电液转换部件卡在偏关侧，此时开机侧线圈虽有电压，而接力器却一直向关机方向运动，导致机组负荷全部卸掉。

(2) 综合放大板开启方向功率放大管损坏，造成调速器只能关，不能开。当系统频率稍高时，调速器会不断自行关小导叶，使机组卸掉部分负荷；但当系统频率稍低时，它又不能开大导叶，增加负荷。对此情况，可以人为增减功率给定，检查接力器开度能否随之增大减少，就可做出判断。

(3) 导叶位移传感器因定位螺钉松动，导致传感器传动部分移位，致使传感器输出的反馈值大于实际导叶开度，此时，并网运行机组将自行卸掉部分负荷。

(4) 因干扰或其他原因导致机频的测频出错。若瞬时的干扰使调速器测得一个较高频率，则调速器因频率升高而关闭导叶，由于功给仍保持原值，导叶又会慢慢恢复到原有开度。与溜负荷相对应的是自行增负荷故障，其原因与上述分析类似，但方向相反。

2. 接力器抽动

其故障原因可能有：

(1) 位移传感器松动或在某区域接触不良，使得反馈信号时有时无，产生错误的反馈信号，引起接力器的抽动。

(2) 随动系统死区补偿过大，使接力器在调节时出现过调，导致抽动。

3. 负荷突减至零并能稳定运行

(1) 一般是断路器辅助接点接触不良。

(2) 可能是断路器位置信号回路断开。

4. 调速器不能紧急停机

调速器不能紧急停机的主要原因可能有：

(1) 紧急停机令没有送到微机调速器的相应输入端。可观察紧急停机指示灯是否亮或用万用表测量。

（2）紧急停机信号未送达紧急停机电磁阀线圈。可测量紧急停机电磁阀线圈插头是否带电。如未带电，可能是相应连接线连接错误或接线松动。

（3）如紧急停机电磁阀线圈插头有电，而接力器不动作于关机，则可能是紧急停机电磁阀故障或损坏。可检测线圈电阻以判断线圈是否断线。如线圈正常，应检查电磁阀芯是否卡死，液压系统有无故障。

（三）甩负荷及停机过程中的不正常现象

（1）甩负荷时，机组转速上升过大，超过调保计算给定值。可能是调整关闭时间的限位机构松动，使接力器关闭过慢，重新调整接力器关闭时间。

（2）甩负荷时蜗壳压力上升过大，超过调保计算值，可能是调整接力器关闭时间的限位机构松动。使接力器关闭过快。重新调整接力器关闭时间。

（3）甩负荷过程中，超过3%的波峰多于2次且转速波动大，调节时间长，原因详见本节二、（一）5相关内容。

（四）水轮机微机调速器自检发现的故障及处理原则

现代水轮机微机调速器，不论大型中小型都设置有故障自诊断功能，大型调速器一般设置的检测项目多一些，灵敏度和准确率可能高一些，中小型水轮机微机调速器设置的自检项目数少，各调速器厂生产的产品还不尽相同，但一般设置了如下故障自诊断项目：

（1）机频和网频信号输出突然消失或变化。

（2）导叶位置传感器输出突变或消失。

（3）水头信号突变或消失。

（4）主配压阀卡阻。

（5）电液随动系统故障（包括电液转换部件故障）。

（6）计算机主要模块故障。

微机调速器检测到以上故障后，均会自动做出处理，例如：自动转入手动运行并发出故障报警信号。各生产厂家的处理措施不尽相同，但一般产品说明书中会说明故障的相应处理措施。不论哪种自检出的故障，都会以有故障报警信号送到中控室或上位机，运行人员接到报警以后，无论调速器是否自动排除故障，运行人员都必须检查故障是否排除，未能排除的故障应即时处理。

三、调速器的巡回检查

调速器应按要求定期进行巡回检查，发现问题应及时进行处理。其检查项目如下：

（1）调速器液晶显示屏上的数据是否正常。如机频网频指示是否正确，水头与实际是否相符，平衡表指示位置是否正确，调速器运行方式是否与实际状态相符，电气开限设置是否合理等。

（2）调速器是否有报警。

（3）调速器机械部分有无渗漏油、异常震动情况，二次油压表与压油罐的油压表指示是否相差过大，如果相差过大，应切换滤过器，判断滤过器是否堵塞。

（4）检查油压装置油面、油压是否在合格范围内。各部件、管路有无渗漏油。压油泵应一台在自动，一台在备用。

第三章

发电机励磁系统的运行与维护

第一节　励磁系统组成

一、励磁系统简介

励磁系统是同步发电机的重要组成部分，它是供给同步发电机励磁电源的一套系统，励磁系统是一种直流电源装置。励磁系统一般由两部分组成：一部分用于向发电机的转子绕组提供直流电流，用以建立直流磁场，通常称作励磁功率输出部分（或称励磁功率单元）；另一部分用于在正常运行或发生故障时调节励磁电流，以满足安全运行的需要，通常称作励磁控制部分（或称励磁控制单元或励磁调节器）。

励磁功率单元向同步发电机转子提供直流电流，即励磁电流，用来建立磁场，励磁功率单元必须有足够的可靠性并具有一定的调节容量。在电力系统运行中，发电机依靠励磁电流的变化来对系统电压和机组本身的无功功率进行控制。因此，励磁功率单元应具备足够的调节容量以适应电力系统中各种运行工况的要求。也就是说，它具有足够的励磁峰值电压和电压上升速度，确保励磁系统的强励能力和快速的响应能力。

励磁调节器根据输入信号和给定的调节要求控制励磁功率单元的输出，它是整个励磁系统中重要的组成部分。励磁调节器的主要任务是检测和采集系统运行状态的信息，经过判断和运算后，产生相应的控制信号。该信号经放大后控制励磁功率单元以得到所要求的发电机励磁电流。系统正常运行时，励磁调节器能控制发电机电压的高低以维持机端电压在给定水平。同时还应能迅速反应系统故障，具备强行励磁等控制功能以提高暂态稳定和改善系统运行条件。

在电力系统的运行中，同步发电机的励磁控制系统起着重要的作用，它不仅控制发电机的端电压，而且还控制发电机无功功率、功率因数和电流等参数。

二、励磁系统的功能与方式

（一）励磁系统的功能

（1）正常运行时，能按负荷电流和电压的变化调节（自动或手动）励磁电流，以维持机端或系统电压在规定的范围内，并能按规定自动地分配系统中并列运行机组间的无功负荷。

（2）整流装置提供的励磁容量应有一定的裕度，应有足够的功率输出，在电力系统发生故障，电压降低时，能迅速地将发电机的励磁电流加大至最大值（即顶值），以实现发动机安全、稳定运行。

(3) 调节器应设有相互独立的手动和自动调节通道。

(4) 励磁系统应装设过定子电压和过电流保护及转子回路过电压保护装置。

(二) *励磁系统的励磁方式*

励磁方式，就是指励磁电源的不同类型。一般分为三种：直流励磁机方式、交流励磁机方式和自并励励磁方式。现代的励磁系统一般都采用自并励励磁方式，这种方式由机端励磁变压器供给整流装置电源，经三相全控整流桥输出直流给发电机的转子励磁。其主接线原理如图 3-1 所示。

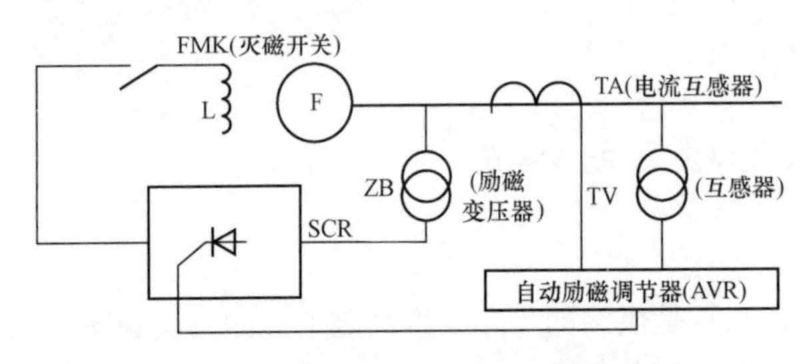

图 3-1　自并励励磁方式接线原理图

该图所示的自并励励磁系统的工作原理是发电机机端电压经励磁变压器(ZB) 降压后，三相交流电压输入至全控整流桥 (SCR) 的输入端。自动励磁调节器 (AVR) 通过 TA 和 TV 采集发电机的电流和电压值，经过分析、判断和运算后，AVR 输出一定角度的触发脉冲给 SCR，从而控制 SCR 输出直流电压的大小。该电压经灭磁开关 (FMK) 加至发电机的转子 L 上，产生励磁电流。

自并励方式的优点是设备和接线比较简单。由于励磁系统无转动部分，具有较高的可靠性；励磁变压器放置地点一般不受限制，可缩短机组长度；励磁调节速度快，是一种快速响应的励磁系统；机组整流器采用三相全控桥时，可用逆变来灭磁，使灭磁时间缩短。

自并励方式的缺点是整流输出的直流顶值电压受发电机端或电力系统短路故障形式 (三相、两相或单相短路) 和故障点远近等因素的影响；需要起励电源；存在集电环和电刷。

三、励磁系统主回路

(一) *励磁变压器*

励磁变压器是一种专门为发电机励磁系统提供三相交流电源的装置，励磁系统通过晶闸管将三相交流电源转化为发电机转子直流电源，形成转子磁场。通过励磁调节器控制晶闸管触发角的大小，从而达到调节机端电压和无功功率的目的。励磁变压器通常接于发电机出口端，因发电机出口端电压较高，而励磁系统额定电压较低，故该变压器是一个降压变压器。

励磁变压器的安全、稳定运行，是发电机组安全、稳定运行的先决条件，是励磁系统可靠运行的关键。

(二) *功率柜*

功率柜采用晶闸管三相全控桥整流电路，其接线特点是六个桥臂元件全都采用晶闸管，共阴极组的晶闸管元件及共阳极组的晶闸管元件都要靠触发换流。它既可工作于整流状态，将交流变成直流；也可工作于逆变状态，将直流变成交流。正是因为有逆变状态，励磁装置在正常停机灭磁时，就不需要跳灭磁开关，可以大大减轻灭磁装置的工作负担。

三相全控整流桥电路原理接线图如图 3-2 所示，图中六个晶闸管按＋A、－C、＋B、－A、＋C、－B 顺序轮流配对导通，在一个 360°周期内，每个晶闸管导通 120°。KRD 是快速熔断器，起保护晶闸管的作用。RC 是晶闸管阻容保护，主要吸收晶闸管换相时的过电压，可限制晶闸管两端的电压上升率，有效防止误导通。运行实践表明，RC对励磁系统过电压毛刺的影响最大，选择合理的参数非常重要。YGK表示三相电源隔离开关或断路器，由于功率柜都是先切脉冲后跳开关，再加上使用断路器后的维护工作量较大，现在一般都使用隔离开关。ZDK表示直流输出隔离开关。

在图3-2中，整流输出电压U_d（平均电压）同阳极电压U_y（线电压有效值）和控制角α的关系式为$U_d=1.35U_y\cos\alpha$，这里的α范围一般是20°～120°。整流电流的平均值I_d同阳极线电流有效值I_y的关系式为$I_y=0.817I_d$。值得注意的是，电流关系的这种表达式，只在全控桥外接大电感和大电容负荷情况下存立，例如发电机转子负荷（大电感）。

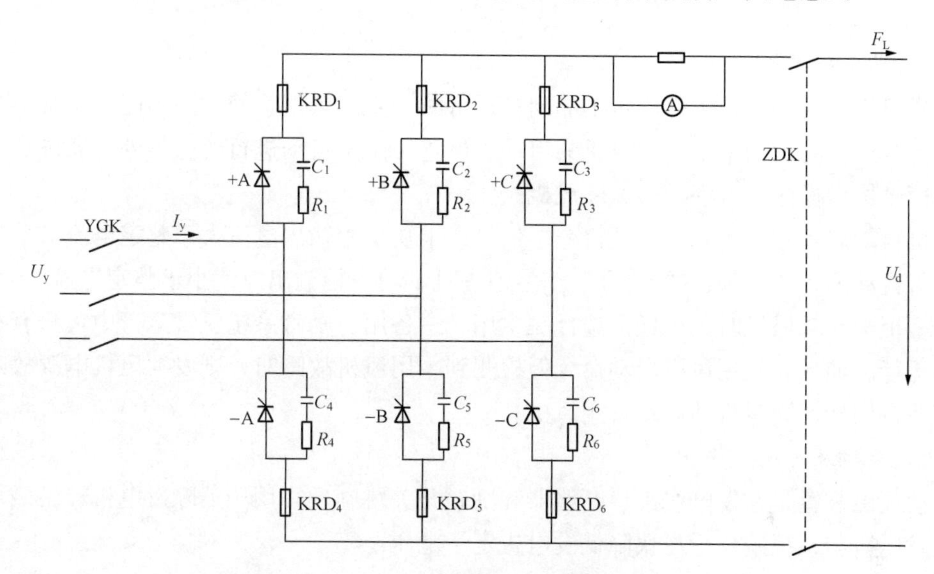

图3-2　三相全控整流桥电路原理接线图

（三）晶闸管过电压保护

加于晶闸管元件上的瞬时反向电压，达到反向击穿电压时，将使晶闸管元件反向击穿，导致晶闸管损坏。产生过电压的原因，除了大气过电压之外，主要是由于系统中断路器的操作过程，以及晶闸管元件本身换相关断过程，在电路中激发起电磁能量的互相转换和传递而引起的过电压。

利用电容器两端电压不能突变，能储存电能的基本特性，可以吸收瞬间的浪涌能量，限制过电压。为了限制电容器的放电电流，以及避免电容与回路电感产生振荡，通常在电容回路上串入适当电阻，从而构成阻容吸收保护。一般可抑制瞬变电压不超过某一允许值，作为交流侧、直流侧及晶闸管元件本身的过电压保护。并联于晶闸管元件两端的阻容保护接线如图3-3所示。

（四）晶闸管过电流保护

快速熔断器是晶闸管元件的过电流保护器件，可防止回路短路。

快速熔断器，其熔断时间一般在0.01s以内，专门用作硅元件的过电流保护器件。其熔体（或称熔片）的导热性能良好而热容量小，能快速熔断。通常是每个硅元件串联一个快速熔断器。图3-4所示为晶闸管过电流保护。

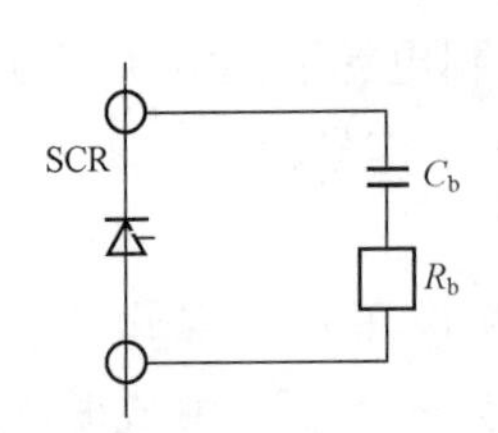

图 3-3　并联于晶闸管元件两端的阻容保护接线

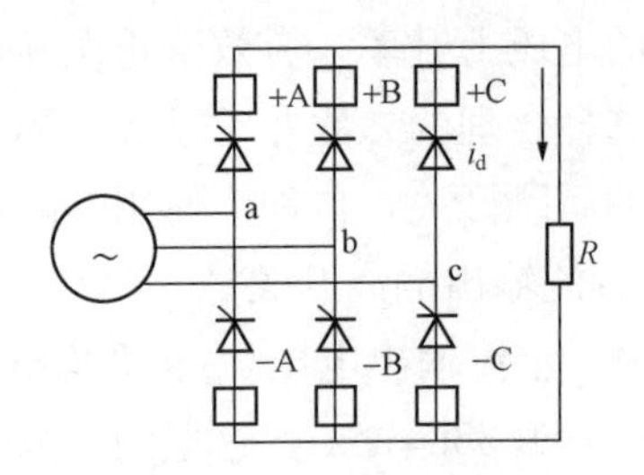

图 3-4　晶闸管过电流保护

（五）功率柜风机

励磁风机主要是通过风冷，带走晶闸管运行时产生的热量，使功率柜能够正常运行。励磁系统正常运行时，功率柜冷却风机的启动、停止控制是自动进行的。另外，通过功率柜显示屏的薄膜按键操作，可手动启、停风机。

风机自动启动的条件：有“开机令”信号或本功率柜输出电流大于整定电流。

风机自动停止的条件：“开机令”信号消失且本功率柜输出电流小于整定电流。

功率柜配有双风机时，可任意选择一主用、一备用。励磁系统正常运行中，只有主用风机投入运行。如果有主用风机启动命令但检测到主用风机故障时，则发“风机电源故障”报警信号并自保持，同时自动启动备用风机。

（六）灭磁及过电压保护

自动灭磁装置是在发电机出口断路器和励磁开关跳闸后，用于消除发电机转子磁场，目的是在发电机与系统脱离后尽快降低发电机定子电压至零。

线性电阻的灭磁原理：如图 3-5 所示，FMK 跳闸时，因励磁电流不能突变，其两端将产生弧压 U_k，该弧压减去功率柜整流电压 U_d 后，使励磁电压 U_f 由正常运行时的上正下负变为下正上负，此时二极管 VD 导通，励磁电流开始经 R_{m2} 和 VD 续流。由于 R_{m2} 很小，励磁电流在 R_{m2} 上的压降也不很高，因而较安全。一旦 FMK 的弧电流下降到不能维持，FMK 就彻底断开了，灭磁能量由 FMK 转移到续流电阻上，灭磁电压和灭磁时间就由励磁电流和续流电阻确定。正如前面所述，利用恒阻值电阻放电，其电压和电流都将呈指数衰减，且时间较长。

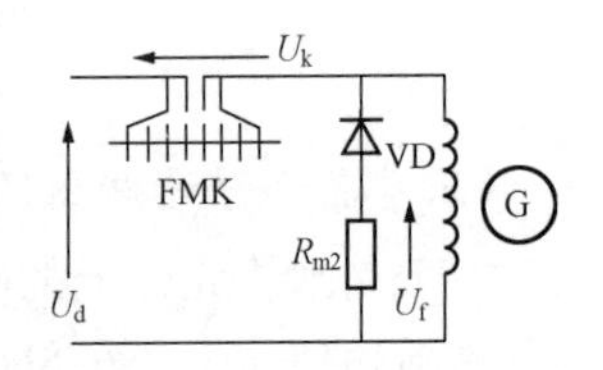

图 3-5　线性电阻灭磁原理接线

励磁系统应装设自动灭磁装置及灭磁开关。对采用三相全控桥的励磁系统宜采用逆变灭磁作为正常跳闸时的灭磁方式，自动灭磁开关作为事故时的灭磁方式。

氧化锌灭磁装置，即采用的非线性电阻是氧化锌电阻。

在灭磁开关灭磁系统中，转子的灭磁主要是依靠灭磁开关的灭弧栅吸能来灭磁。而在非线性电阻灭磁系统中，一般也有灭磁开关 FMK，但其作用主要是用来接通和断开转子回路，使转子建立起反电势并击穿非线性电阻 R_f，将转子磁场能量由开关转移到非线性电阻上，因而一般都是属移能型灭磁系统。非线性电阻灭磁系统原理接线如图 3-6 所示。图中 ZTC 是自动投入电阻 R_z 的接触器，由 FMK 跳闸并延时投入，延时时间一般为 1s 左右，主要考虑因素是在氧化锌电阻完成大部分灭磁任务后，及时投入 R_z，一方面吸收发电机阻尼绕组能量，另一方面短接停机过程中的发电机转子，防止转子出现过电压。

（七）起励操作回路

起励操作回路如图 3-7 所示，图中动合触点 1KA 是自动励磁调节器起励命令开出继电器 1KA 的接点。当调节器接收到 LCU 发出的起励命令或调节器面板上的手动起励命令时，将自动检查励磁系统的状态，满足起励条件时即发出起励命令，驱动 1KA 继电器励磁，使 1KA 接点接通，2KA 继电器励磁，其动合触点 2KA 触点闭合。动断触点 3KA 在机组出口断路器断开时接通，因机组在起励时出口断路器在断开位置，所以起励继电器 KM（直流接触器）励磁，投入起励电源，使发电机建立初始电压。同时调节器不断检测发电机的机端电压，当机端电压达到起励解除值时，自动撤除起励命令，1KA 继电器失磁，其接点 1KA 返回，KM 失磁，起励电源退出，自动励磁调节器进入自动闭环调节状态。如果在给定的时间内，发电机机端电压未能达到起励解除值时（给定时间为 5s），调节器也将自动撤销起励命令，解除起励电源，同时发出“起励失败”信号。在起励的过程中，如果励磁系统存在故障，励磁调节器也将自动撤销起励命令并发出“起励失败”信号，并且不允许再次起励。只有在励磁系统故障消除以后才允许再次起励。

起励接触器回路中串联有机组出口断路器的位置重复继电器常闭接点 3KA，其目的是防止出口断路器在合闸状态下（即机组在并网运行）起励而使机组工况受到干扰。

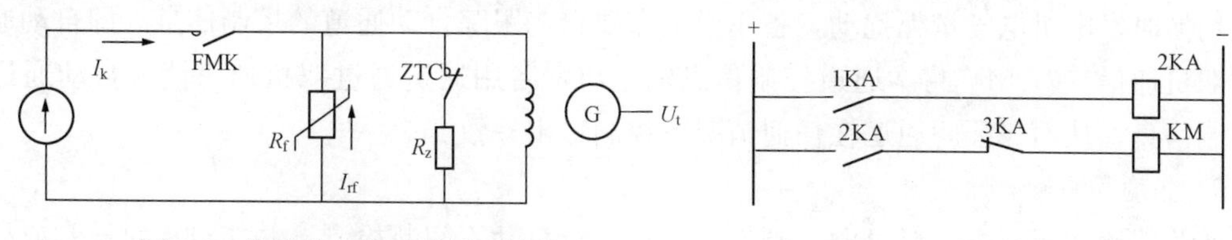

图 3-6 非线性电阻灭磁原理接线

图 3-7 起励操作回路

四、微机励磁调节器

（一）微机励磁调节器的组成

目前，国内外普遍采用的是 PID+PSS 控制方式的微处理机励磁调节器。发电机励磁调节器的主要任务是控制发电机机端电压稳定，同时根据发电机定子及转子侧各电气量进行限制和保护处理，励磁调节器还要对自身进行不断的自检和自诊断，发现异常和故障，及时报警并切换到备用通道。发电机的励磁调节器一般由以下几部分组成。

1. 模拟量采集部分

该部分采集发电机机端交流电压 U_a、U_b、U_c，定子交流电流 I_a、I_b、I_c，转子电流等模拟量，计算出发电机定子电压、发电机定子电流、发电机有功功率、无功功率、发电机转子电流。具体如下：调节装置通过模拟信号板（ANA）将高电压（100V）、大电流（5A）信号进行隔离并调制为±5V 等级电压信号，然后传输到主机板（CPU）上的 A/D 转换器，将模拟信号转换为数字信号（DIG）。一个周期内（20ms）采样 36 个点，进行实时直角坐标转换，计算出机端电压基波的幅值及频率、有功功率、无功功率、转子电流。

2. 闭环调节

励磁控制的目标是被控制量等于对应的给定量，软件的计算模块根据控制调节方式，从而选择被调节器测量值与给定值的偏差进行PID计算，最终获得整流桥的触发角度。

3. 脉冲输出

将PID计算得到的控制角度数据，送至脉冲形成环节，以同步电压U_T为参考，产生对应触发角度的触发脉冲（SW），经脉冲输出回路输出至晶闸管整流装置。

4. 限制和保护

调节装置将采样及计算得到的机组参数值，与调节装置预先整定的限制保护值相比较，分析发电机组的工况，限制发电机组运行在正常安全的范围内，保证发电机组安全可靠运行。

5. 逻辑判断

在正常运行时，逻辑控制软件模块不断地根据现场输入的操作信号进行逻辑判断，判别：是否进入励磁运行；是否进行逆变灭磁；是空载工况运行还是负载工况运行。

6. 给定值设定

正常运行时，软件不断地检测增磁、减磁控制信号，并根据增磁、减磁的控制命令修改给定值。

7. 双机通信

备用通道自动跟踪自动通道的电压给定值和触发角。正常运行中，一个通道为自动通道，另一通道为备用通道，只有自动通道触发脉冲输出可以控制晶闸管整流装置。为保证两通道切换时发电机电气量无扰动，备用通道需要自动跟踪自动通道的控制信息，即自动通道通过双机通信（COM）将本通道控制信息输送出，备用通道通过双机通信读入自动通道来的控制信息，从而保证两通道在任何情况下控制输出一致。

8. 自检和自诊断

调节装置在运行中，对电源、硬件、软件进行自动不间断检测，并能自动对异常或故障进行判断和处理，以防止励磁系统的异常和事故的发生。

9. 人机界面

微机励磁调节器设置了中文人机界面实现人机对话，该人机对话界面提供数据读取、故障判断、维护指导、整定参数修改、试验操作、自动或手动录波等功能。

（二）励磁调节器的运行方式

发电机的励磁调节器一般有三种运行方式。

第一种是恒机端电压运行即自动运行，它对发电机端电压偏差进行最优控制调节，并完成自动电压调节器的全部功能，是调节器的主要运行方式。

第二种是恒励磁电流运行即手动运行，它对励磁电流偏差进行常规比例调节，由于只能维持励磁电流的稳定运行，故无法满足系统的强励要求，是调节器的备用和试验通道。恒励磁电流运行方式，一般是在恒机端电压运行下出现强励、TV断线、功率柜故障等情况时，调节器自动转换，故障消除后又自动恢复。

第三是恒无功功率运行，它对发电机无功功率偏差进行常规比例调节，其投入也是自动的，比如调节器过励或欠励动作后，调节器就自动由恒机端电压运行转入恒无功功率运行，起稳定无功功率的作用。当这些限制复归后，其运行方式也自动恢复到恒机端电压运行。

（三）励磁调节器的限制功能

（1）瞬时/延时过励磁电流限制，即强励限制。所谓强励就是励磁电压的快速上升，衡量强励能力的指标是强励倍数，它是指最大励磁电压和额定励磁电压的比值，一般取1.8倍。由于励磁装置强励时，励磁电流大大超过其额定值，故为了励磁装置设备的安全，应对强励时的励磁电流进行限制。MEC的强励限制曲线是一个反时限曲线，又称为瞬时/延时过励磁电流限制，当励磁电流达到1.8倍额定值时，延时20s；达到2.4倍时，延时0s；只有1.1倍时，延时无穷大。强励限制动作后，调节器由恒电压运行方式自动转为恒励磁电流方式，限制励磁电流。

（2）功率柜停风或部分功率柜故障退出运行时的励磁电流限制。当励磁整流柜冷却消失或部分功率柜故障时，励磁装置的输出能力就会下降，此时若发生励磁强励或励磁电流太大，就会造成励磁功率柜过负荷损坏，故一旦发生上述情况，调节器就有恒电压运行方式自动转化为恒励磁电流运行，相当于取消励磁强励功能，限制励磁电流。

（3）发电机无功功率过负荷限制，其限制值一般为额定无功功率。这样当发电机的无功超过其额定值时，正在恒电压运行方式下的调节器则自动转为恒无功运行，由于此时给定值是额定无功值，这样就限制了无功功率过负荷。

（4）发电机无功功率欠励磁限制，也就是发电机无功进相限制。发电机并网运行，由于系统电压变高，调节器就减少励磁电流，当励磁电流减少过多时，定子电流就会超前端电压，发电机开始从系统吸收滞后无功功率即进相运行。如果进相太深，则有可能使发电机失去稳定而被迫停机即失磁保护动作。为配合发电机静稳功率圆和热稳限制线，欠励限制也是一条直线。

（5）U/f 限制，也称为发电机变压器过励磁保护。所谓 U/f 限制就是在发电机频率下降的情况下降低发电机端电压。随着频率的下降，发电机端电压也要下降，而自动电压调节器为维持发电机端电压就不断增加励磁电流，直到励磁电流限制动作为止。显然，此时应对调节器的恒电压运行方式进行适当的调整，U/f 限制就是调整的方法之一。励磁调节器的 U/f 限制，用电压百分数与频率百分数的比值是否大于1.1作为判据。正常运行时，电压与频率的比值为1，当频率下降而电压不变时，二者的比值开始大于1。若频率的继续下降使二者的比值大于1.1倍时，U/f 限制动作，调节器自动减少给定值，使发电机端电压下降，保持电压与频率的比值不大于1.1。当发电机频率下降很多时，U/f 限制直接逆变灭磁。

第二节　发电机励磁系统的运行与维护

一、励磁系统的运行

励磁系统投入正式运行之前，应进行全面检查，检查的内容有：励磁系统所有操作电源、工作电源是否全部投入运行状态；励磁功率柜所有断路器、隔离开关是否全部合闸到位；自动励磁调节器工作状态是否正常（循环检测状态）；励磁操作系统应无器件故障，各部信号指示正确。

（一）起励升压操作

1. 手动起励升压

机组开机后检查机组转速不低于95%额定转速，手动操作FMK合闸。设置自动励磁调节器起励方式为“U_t”或“I_f”，还可通过小键盘“+”“−”来设置发电机电压或励磁电流给定值。按下调节器面板上“手动起励”按钮，调节器将自动检测励磁系统工作状态，并发出“起励”命令，驱动QLC，投入起励电源，使发电机建立初始电压。当机组机端电压或励磁电流达到最低闭环条件时，起励命令解除，机组及励磁系统进入闭环自动调节状态。手动操作增加或减少按钮，可以增减机组的机端电压或励磁电流。

2. 自动开机升压

自动开机升压可以完全由机组LCU装置控制。机组LCU装置接到上位机或运行人员的升压命令后，自动开启发电机和投入励磁系统相应设备，当机组转速达到95%额定转速以上时，发出“起励升压”命令，励磁调节器接到起励升压命令以后，按照运行人员预先设置的起励方式和给定值起励，其后的闭环操作和手动起励完全一样。一般情况下，采用自动起励方式时，给定值设置为额定机端电压。

（二）灭磁开关的操作

灭磁开关（FMK）的操作分现地手动操作和机组LCU远方控制两种方式。FMK的现地手动操作就是现地机旁灭磁开关盘上的分合闸按钮进行分闸与合闸操作。FMK的远方控制由LCU装置根据运行人员或上位机的指令发出操作命令，励磁装置再根据操作命令执行。FMK的操作还有一项重要的内容是执行继电保护的分闸指令。当发电机发生电气事故时，灭磁开关迅速断开灭磁，以保证发电机和励磁装置的运行安全。

（三）发电机机端电压（无功功率）的调节

励磁装置的作用之一就是维持发电机机端电压保持在给定水平，作用之二就是合理分配并联机组之间的无功功率。这两个作用分别体现在发电机并网前后，并都是靠改变调节器给定值来达到的。调节器给定值的改变可以在调节器操作面板上进行，也可以通过上位机和机组LCU装置进行远方调控，还可以在中控室使用无功功率调节把手进行。在调节器面板上调节机端电压（无功功率）时，操作面板上的增减磁按钮即可。使用机组LCU装置调节机组无功功率时，首先在LCU上设定无功给定值，然后由LCU比较给定值与测量值，并根据比较结果向励磁调节器发出调节脉冲，直到无功功率的测量与给定之差小于调节死区。

通过上位机进行机组无功功率调节时，可以实现全厂机组的AVC控制调节，此时各机组的无功功率给定值由AVC设定；也可以在上位机操作键盘上直接设置无功功率给定值。一旦上位机将各机组的无功功率设定好，就向各机组的LCU装置发出调节指令，机组LCU装置再向励磁调节器发出调节指令。

（四）励磁系统运行操作

（1）励磁系统正常情况下在控制室远方操作。直接安装在励磁系统前面板上的就地控制屏仅在调试、试验或紧急控制时使用。

（2）远控或就地控制。远控是指通过中控室上位机监控系统对励磁系统发出命令。如远方进行无功功率或电压的增减调整等。就地控制是指在现地通过励磁装置控制面板上的增减按钮对无功功率或电压的增减进行调整。

(3) 灭磁开关（FMK）合闸/分闸 。只要无跳闸信号，合闸命令就可以合上灭磁开关。开关一旦合闸励磁回路接通。分闸命令可以断开灭磁开关，同时励磁退出。励磁系统中的整流器转换为逆变方式运行，同时将灭磁电阻与转子绕组并联，使发电机通过整流器和灭磁电阻快速灭磁。

(4) 励磁系统投入/退出 。励磁系统投入命令用于发电机励磁系统投入。励磁系统向发电机转子提供励磁电流，发电机电压迅速升压到额定值。如果跳闸命令存在，励磁投入命令就会被闭锁。当励磁系统投入命令发出时，在断开位置的灭磁开关会自动闭合。灭磁开关闭合以后励磁投入，励磁电流流通。完成起励的前提条件是励磁开关在合位；无分闸命令和跳闸信号；发电机转速应当大于额定转速的 90%；因励磁变压器直接由发电机机端供电，机组刚启动时机端电压较低，无法建立初始的励磁电压，因此必须有外接起励电源。

励磁退出命令用于立即切断发电机励磁。励磁系统整流桥切换到逆变运行，灭磁电阻与转子绕组并联，发电机通过整流桥和灭磁电阻迅速灭磁。励磁退出命令同时跳励磁开关。励磁退出操作条件是发电机出口开关断开（发电机空载运行）。

(5) 励磁调节器通道的切换。励磁调节器一般由两个完全独立的、具有调节和控制功能的主通道组成，这两个主通道软件和硬件配置完全相同。可任选 A 通道或 B 通道作为自动通道，则另一通道为备用通道，备用通道总是跟踪自动通道。如果 A 通道设为自动通道，则 B 通道为备用通道，当励磁系统运行时，若检测到 A 通道故障，系统自动将 B 通道切换为自动通道，同时，A 通道退出运行。在故障排除前不能再设置 A 通道为自动通道。如果备用通道故障，则将闭锁从自动通道手动切换到备用通道。

(6) 自动/手动方式之间切换。励磁系统的每个通道包括自动和手动两种调节方式。在自动方式下，调节方式为电压闭环调节，励磁系统自动调节发电机机端电压，维持机端电压恒定。

在手动方式中，调节方式为励磁电流闭环调节，励磁系统自动维持发电机转子电流恒定。在该方式下，随着发电机有功负荷的变化，发电机无功负荷（机端电压）也会相应变化。这时，为了维持无功负荷（机端电压）恒定，必须及时手动调整机组励磁电流。

机组正常运行时都采用自动方式。只有在机组试验或故障（例如励磁用电压互感器断线）时才使用手动方式。

(7) 切换到紧急备用通道（EGC）。除两个主要通道之外，励磁系统一般还有一个紧急备用通道，C 通道。该通道与主通道的手动方式相类似，C 通道设有一个励磁电流调节器。除此之外，C 通道还装有过电压保护和独立于主通道的触发脉冲形成功能。C 通道只能调节励磁电流，而不能调节发电机电压。C 通道的励磁电流调节器自动地跟踪主通道，在主通道发生故障的情况下，自动地进行无扰动切换。从主通道向 C 通道的手动切换只能由励磁专责人员进行。

(8) PSS 投入/退出 。PPS 用于阻尼发电机转子或电网的低频振荡。PSS 投入条件是：发电机励磁系统试验良好；励磁调节器工作通道自动调节正常，备用通道跟踪正常；根据调度命令确定 PSS 投、切。

二、励磁系统的检查和要求

（一）励磁系统的检查

（1）发电机电压、电流及励磁电压、电流指示正常且稳定。

（2）选定的功率因数已达到设定值（PF控制投入时）。

（3）无报警和限制器动作信号。

（4）备用跟踪正常。

（5）电子间室内温度正常。

（6）“自动”和“手动”通道的设定值都不在其限制位置。

（7）自动/手动跟踪显示正常。

（8）调节器柜无报警动作，各仪表指示正常。

（9）整流柜各冷却系统工作正常，整流桥温度正常，空气进出风口无杂物堵塞。

（10）调节器无异常声音。

（11）调节器各柜门均在关闭状态，冷却风机运行正常。

（12）检查各整流柜输出正常。

（13）检查变压器运行声音正常，无焦味。

（14）检查变压器各接头紧固，无过热变色现象，导电部分无生锈、腐蚀现象，套管清洁且无硬化、爬电现象。

（15）绕组及铁芯无局部过热现象和绝缘烧焦的气味，外部清洁，无破损、无裂纹。

（16）电缆无破损，变压器本体无杂物。

（17）绕组温度正常。

（18）检查变压器前后柜门均应在关闭状态。

（19）检查变压器无漏水、积水现象，照明充足，周围消防器材齐全。

（二）励磁系统运行规定

（1）当发电机强励时，允许以不小于2倍的转子电压强励10s。

（2）正常情况下，调节器应选择“远方控制”方式。

（3）每一个通道中，有一个主通道和一个附属紧急通道（EGC）。在每个通道的主通道里，又分自动控制（AVR方式）和手动控制（FCR方式），正常是自动控制，自动控制故障后自动切换为手动控制，手动控制方式需要操作员对励磁进行监视与调整。在自动方式恢复正常后，应手动切回到自动方式。

（4）附属紧急通道作为主通道的紧急备用，紧急通道自动跟踪主通道信号，当只有一个通道可以正常运行，而此时通道中的主通道又发生故障，励磁系统就自动切换到紧急通道，在紧急备用通道工作时，只有手动控制方式。

（5）正常运行时，系统提供了两个通道的跟踪。在通道无故障时，备用通道自动跟踪自动通道，这时可从任一通道切换至另一通道。切换时应检查通道间跟踪正常。如果备用通道有故障则不允许切换。

（6）手动/自动切换，必须在手动/自动跟踪正常时才允许切换。在手动方式时，励磁调节器的一些限制功能（如过励、欠励、频率/电压限制等）将自动退出，因此手动运行时一定要注意励磁系统的运行参数，切勿超参数运行。

(7) 在手动方式运行时，及时汇报调度，应有专门运行人员对发电机励磁进行连续监视和调节，不允许在手动方式下长期运行。

(8) 当任一台功率柜故障后，其他功率柜将承担其工作电流。两台功率柜故障后，励磁电流限制器设定值将自动减少，不能进行强励。如果三台功率柜故障则自动切断励磁。

(9) 励磁系统投入前，发电机转速应达到或接近额定转速。

(10) 运行中严禁打开功率柜柜门。

第四章

变压器的运行与维护

第一节　变压器结构和工作原理

变压器是电厂常用的电气设备，可用来把某一电压等级的交流电变换为同频率的另一电压等级的交流电，也可以用来改变交流电流的数值及变换阻抗或改变相位。

变压器按其用途不同，有电源变压器、电力变压器、调压变压器、仪用互感器、隔离变压器等。按其绕组数目不同分为双绕组变压器、三绕组变压器、多绕组变压器及自耦变压器。按磁路系统分为组式变压器和芯式变压器。按相数分为单相变压器、三相变压器和多相变压器。按冷却方式分为干式变压器、油浸变压器。按工作频率范围分为低频变压器、中频变压器、高频变压器等。变压器的种类虽多，但基本原理和结构是一样的。

一、变压器的结构

变压器的结构如图 4-1 所示。

变压器主要由变压器的箱体、高压绝缘套管、低压绝缘套管、储油柜、散热器、压力释放装置、分接开关、气体继电器等组成。

在变压器的铁芯上装有 A、B、C 三相绕组，每相绕组又分为高压绕组与低压绕组。将铁芯与绕组放入箱体，绕组引出线通过绝缘套管内的导电杆连到箱体外，导电杆外面是瓷套管，通过它固定在箱体上，保证导电杆与箱体绝缘。为减小因灰尘与雨水引起的漏电，瓷套管外形为多级伞形。右边是低压绝缘套管，左边是高压绝缘套管，由于高压端电压很高，高压绝缘套管比较长。

变压器箱体（即油箱）里灌满变压器油，铁芯与绕组浸在油里。变压器油比空气绝缘强度大，可加强各绕组间、绕组与铁芯间的绝缘，同时流动的变压器油也帮助绕组与铁芯散热。在油箱上部有储油柜，储油柜通过油管与油箱连通，变压器油一直灌到储油柜内，可充分保证油箱内灌满变压器油，防止空气中的潮气侵入。

油箱外排列着许多散热管，运行中的铁芯与绕组产生的热能使油温升高，温度高的油密度较小，上升进入散热管，油在散热管内温度降低密度增加，在管内下降重新进入油箱，铁芯与绕组的热量通过油的自然循环散发出去。

一些大型变压器为保证散热，装有专门的变压器油冷却器。冷却器通过上下油管与油箱连接，油通过冷却器内密集的铜管簇，由风扇的冷风使其迅速降温。油泵将冷却的油再打入油箱内。

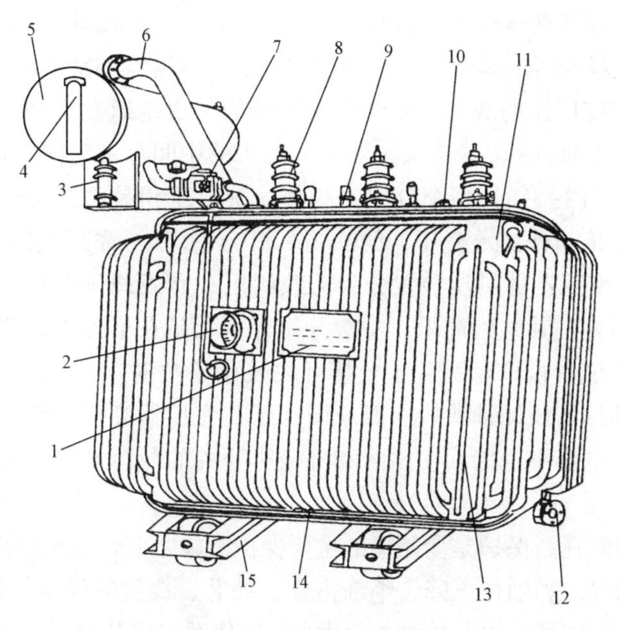

图 4-1　变压器的结构

1—铭牌；2—信号式温度计；3—吸湿器；4—油表；5—储油柜；6—安全气道；
7—气体继电器；8—高压套管；9—低压套管；10—分接开关；11—油箱；
12—放油阀门；13—器身；14—接地板；15—小车

采用油冷却的变压器结构较复杂，由于油是可燃物，也就存在安全性问题。目前，在电站厂房内使用的变压器已逐渐采用干式电力变压器，变压器没有油箱，铁芯与绕组安装在普通箱体内。干式变压器绕组用环氧树脂浇注等方法保证密封与绝缘，容量较大的绕组内还有散热通道，大容量变压器并配有风机强制通风散热。由于材料与工艺的限制，目前多数干式电力变压器的电压不超过 35kV，容量不大于 20000kVA，大型高压的电力变压器仍采用油冷方式。

压力释放装置在保护电力变压器方面起着重要作用。充有变压器油电力变压器中，如果内部出现故障或短路，电弧放电就会在瞬间使油汽化，导致油箱内压力极快升高。如果不能极快释放该压力，油箱就会破裂，将易燃油喷射到很大的区域内，可能引起火灾，造成更大破坏，因此必须采取措施防止这种情况发生。压力释放装置有防爆管和压力释放阀两种，防爆管用于小型变压器，压力释放阀用于大、中型变压器。

（1）防爆管（又称喷油管）。防爆管装于变压器的顶盖上，喇叭形的管子与大气连接，管口有薄膜封住。当变压器内部有故障时，油温升高，油剧烈分解产生大量气体，使油箱内压力剧增。当油箱内压力升高至预定值时，防爆管薄膜破碎，油及气体由管口喷出，防止变压器的油箱爆炸或变形。

（2）压力释放阀。压力释放阀与防爆管相比，具有开启压力误差小、延迟时间短（仅 2ms）、控制温度高、能重复动作使用等优点，故被广泛应用于大、中型变压器上。压力释放阀也称减压阀，它装在变压器油箱顶盖上，类似锅炉的安全阀。当油箱内压力超过规定值时压力释放阀密封门（阀门）被顶开，气体排出，压力减小后，密封门靠弹簧压力又自行关闭。可在压力释放阀投入前或检修时将其拆下来测定和校正其动作压力。压力释放阀动作压力的调整，必须与气体继电器动作流速的整定相协调。压力释放阀安装在油箱盖上部，一般还接有一段升高管使释放器的高度等于储油柜的高度，以消除正常情况下油压静压差。

分接开关是调整变压比的装置。双绕组变压器的一次绕组及三绕组变压器的一、二次绕组一般有 3、5、7 个或 19 个分接头位置，分接头的中间分头为额定电压的位置。3 个分接头的相邻分头电压相差 5%，多个分头的相邻分头电压相差 2.5%或 1.25%。操作部分装于变压器顶部，经传动杆伸入变压器的油箱。根据系统运行的需要，按照指示的标记来选择分接头的位置。变压器的调压装置分为无载调压和有载调压两种。无载分接开关，是在不带电的情况下切换，其结构简单。有载分接开关，是在不停电的情况下切换，可带负荷进行，故在电力系统中被广泛采用。分接开关发生事故时，一般是瓦斯保护装置动作。变压器分接头一般都从高压侧抽头，主要原因在于：变压器高压绕组一般在外侧，抽头引出连接方便；高压侧电流小，因而引出线和分接头开关的载流部分导体截面小，接触不良的问题易于解决。

气体继电器构成的瓦斯保护是变压器的主要保护措施之一，它可以反映变压器内部的各种故障及异常运行情况，如油位下降、绝缘击穿、铁芯、绕组等受潮、发热等放电故障等，且动作灵敏迅速，结构连线简单，维护检修方便。气体继电器装设于变压器油箱与储油柜之间的连管上，继电器上的箭头方向应指向储油柜并要求有 1%～1.5%的安装坡度，以保证变压器内部故障时所产生的气体能顺利地流向气体继电器。

二、变压器的工作原理及参数

（一）变压器的工作原理

变压器的基本原理是电磁感应原理，现以单相双绕组变压器为例说明其基本工作原理。如图 4-2 所示当变压器的一次侧绕组上加上电压 u_1 时，流过电流 i_1，在铁芯中就产生交变磁通 Φ_1。该磁通称为主磁通。在它作用下，两侧绕组分别感应电势 E_1 和 E_2，感应电势公式为

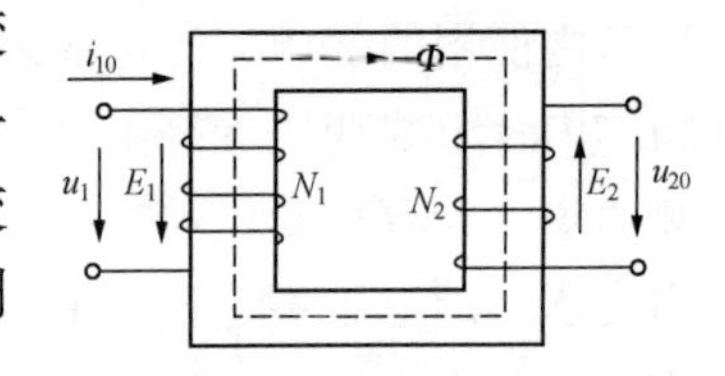

图 4-2　变压器工作原理

$$E = 4.44 f N \Phi_m \tag{4-1}$$

式中　E——感应电动势有效值；

f——频率；

N——匝数；

Φ_m——主磁通最大值。

由于二次绕组与一次绕组匝数不同感应电势 E_1 和 E_2 大小也不同，一次侧和二次侧的电压大小也不同。

当变压器二次侧空载时一次侧仅流过主磁通的电流 $\dot{i}_0$，这个电流称为励磁电流。二次侧加负荷后流过负荷电流 $\dot{i}_2$ 时，也在铁芯中产生磁通，力图改变主磁通，但一次电压不变时主磁通是不变的，一次侧就要流过两部分电流，一部分为励磁电流 $\dot{i}_0$，一部分为用来平衡 $\dot{i}_2$ 的电流，所以这部分电流随着 $\dot{i}_2$ 的变化而变化。电流乘以匝数时就是磁通势。

上述的平衡作用实质上是磁通势平衡作用，变压器就是通过磁通势平衡作用实现了一、

二次侧的能量传递。

变压器的变比公式为

$$K = \frac{U_1}{U_2} = \frac{N_1}{N_2} \tag{4-2}$$

（二）变压器的主要参数

1．额定容量 S_N

额定容量是变压器额定状态下输出的视在功率，单位为 kVA 或 MVA。对于双绕组变压器，一次侧、二次侧绕组的容量相等，即是变压器的额定容量。

2．额定电压 U_{1N}/U_{2N}

U_{1N}为变压器一次电压。U_{2N}为变压器二次电压，是指一次侧接入额定电压而二次侧空载（开路）时的电压。单位为 kV，三相额定电压指相电压。

3．额定电流 I_{1N}/I_{2N}

额定电流是指变压器长期工作，绕组能流过的最大电流。I_{1N}和 I_{2N}是分别根据额定容量、额定电压计算出来的一、二次电流，单位为 A。对于三相变压器，额定电流指线电流。

一、二次额定电流可用下式计算。

单相变压器

$$I_{1N} = S_N/U_{1N};\ I_{2N} = S_N/U_{2N} \tag{4-3}$$

三相变压器：

$$I_{1N} = S_N/\sqrt{3}U_{1N};\ I_{2N} = S_N/\sqrt{3}U_{2N} \tag{4-4}$$

4．额定频率

额定频率是指对变压器所设计的运行频率，我国标准规定频率为 50Hz。

除了上述参数外，变压器的铭牌上还标有温升、连接组别、阻抗电压等参数。

第二节 变压器的运行与维护

一、变压器的巡回检查

（一）油浸式变压器的日常巡视检查

（1）变压器的油温和温度计应正常，储油柜的油位应与温度相对应，各部位无渗油、漏油。

（2）套管油位应正常，套管外部无破损裂纹、无严重油污、无放电痕迹及其他异常现象。

（3）变压器音响正常。

（4）各冷却器手感温度应相近，风扇、油泵、水泵运转正常，油流继电器工作正常，继电器工作正常。

（5）水冷却器的油压应大于水压（制造厂另有规定者除外）。

（6）吸湿器完好，吸附剂干燥。

（7）引线接头、电缆、母线应无发热迹象。

（8）压力释放器、安全气道及防爆膜应完好无损。

（9）有载分接开关的分接位置及电源指示应正常。

（10）气体继电器内应无气体。

（11）各控制箱和二次端子箱应关严，无受潮现象。

当变压器在巡视检查发现有下列情况之一者应立即停运，若有运用中的备用变压器，应尽可能先将其投入运行：

（1）变压器声响明显增大，内部有爆裂声。

（2）严重漏油或喷油，使油面下降到低于油位计的指示限度。

（3）套管有严重的破损和放电现象。

（4）变压器冒烟着火。

（5）当发生危及变压器安全的故障，而变压器的有关保护装置拒动时，值班人员应立即将变压器停运。

（6）当变压器附近的设备着火、爆炸或发生其他情况，对变压器构成严重威胁时，值班人员应立即将变压器停运。

（二）干式变压器的运行与维护

（1）运行状况的检查。检查变压器的电压、电流、负荷、频率、功率因数、环境温度有无异常；及时记录各种上限值，发现问题及时处理。

（2）变压器温度检查。检查干式电力变压器温度是否正常，因为不仅影响到变压器的寿命，而且会中止运行。在温度异常时，确保测温仪正常。温度计失灵，应及时修理更换。

（3）异常响声、异常振动的检查。检查外壳、铁板有无振音，有无接地不良引起的放电声，附件有无常音及异常振动，从外部能直接检测共振或异常噪声时，应立即处理。

（4）风冷装置的检查。检查声音是否正常，确认有无振动和异常温度。风机应定期手动试验。

（5）嗅味。温度异常高时，附着的脏物或绝缘件是否烧焦，发生臭味，有异常应尽早清扫、处理。

（6）绝缘件线圈外观检查。绝缘件和绕柱线圈表面有无碳化和放电痕迹，是否有龟裂。

（7）外壳及变压器室的检查。检查是否有异物进入、雨水滴入和污染，门窗照明是否完好、温度是否正常。

（8）干式电力变压器有下列情况之一时立即停运：变压器响声明显异常增大，或存在局部放电响声；发生异常过热现象；冒烟或着火；当发生危及安全的故障而有关保护装置拒动；当附近的设备着火、爆炸或发生其他情况，对干式电力变压器具构成严重威胁。

（9）干式电力变压器跳闸和着火时，应按下列要求处理：干式电力变压器跳闸后，经判断确认跳闸不是由内部故障所引起，可重新投入运行，否则做进一步检查；干式电力变压器跳闸后，停用风机；干式电力变压器着火时，立即断开电源，停止风冷装置，并迅速采取灭火措施。

（10）干式变压器的温控装置。630kVA 及以上的干式变压器应设温控或温显装置。温控、温显装置应满足抗震、电磁干扰不敏感、显示数字和动作正确，以及使用寿命的要求。

当采用膨胀式温控器时，膨胀式温控器还应满足干式变压器风机起停、超温报警和超温跳闸和触发信号要求，其接点应能在测量范围内根据使用要求设定。膨胀式温控器的质量保证期不应低于10年。

当采用电子式温控温显器时，其输入输出端子应采用接插件结构。电子式温控温显器的质量保证期不应低于5年。干式电力变压器额定使用寿命不应少于20年。

（三）变压器投入运行前的检查项目

(1) 拆除检修安全措施，恢复常设遮栏，变压器各侧断路器、隔离开关均应在拉开位置。

(2) 变压器本体及室内清洁，变压器上无杂物或遗留工具，各部无渗漏油等现象，干式变压器的外罩完好牢固。

(3) 套管清洁完整，无裂纹或渗漏油现象，无放电痕迹，套管螺栓及引线紧固完好，主变油气套管压力正常。

(4) 变压器分接头位置应在规定的运行位置上，且三相一致。

(5) 外壳接地线紧固完好，各种标示信号和相色漆应明显清楚。

(6) 安全气道的阀门应开启，各连接法兰无渗漏油现象。

(7) 测温表的整定值位置正确，接线完好，指示正确。

(8) 保护装置和测量表计完好可用。

(9) 试验冷却风扇装置运行正常。

（四）变压器并联运行的基本条件

变压器并联运行的理想情况是空载时各台变压器仅有一次侧的空载电流，各台变压器一、二次侧绕组回路中没有环流；负载时各变压器的负载分配应与各自的额定容量成正比，使变压器的容量能充分利用；负载时，各台变压器的负载电流相位相同，这样在总的负载电流一定时，共同承担的负载电流最大。

要达到上述理想情况，并联运行的变压器必须具备以下三个条件：

(1) 联结组标号相同（接线组别相同）。接线组别不同将会在绕组中产生几倍于额定电流的环流，会使变压器损伤，甚至烧坏，因此不同接线组别的变压器绝对不允许并联运行。

(2) 电压比相等（变比相等）。各变压器的高低压绕组额定电压应分别相同，否则将会出现环流。

(3) 阻抗电压和短路阻抗角相等。并联运行的每台变压器所承担的负载电流与其短路阻抗成反比，多台变压器并联运行时合理分担负载电流的条件是：各台变压器的短路阻抗相对值彼此相等，且同时两台并联运行的变压器的容量比相差不能超过3：1。

二、变压器故障分析与处理

（一）电力变压器故障类型及检测

油浸变压器的故障常被分为内部故障和外部故障两种。内部故障为变压器油箱内发生的各种故障，其主要类型有：各相绕组之间发生的相间短路、绕组的线匝之间发生的匝间短路、绕组或引出线通过外壳发生的接地故障等。变压器的内部故障从性质上一般又分为热故障和电故障两大类。

外部故障为变压器油箱外部绝缘套管及其引出线上发生的各种故障，其主要类型有：绝缘套管闪络或破碎而发生的接地（通过外壳）短路，引出线之间发生相间短路故障等而引起变压器内部故障或绕组变形等。

短路故障：变压器短路故障主要指变压器出口短路，以及内部引线或绕组间对地短路，及相与相之间发生的短路而导致的故障。

放电故障：根据放电的能量密度的大小，变压器的放电故障常分为局部放电、火花放电和高能量放电三种类型。

绝缘故障：目前应用最广泛的电力变压器是油浸变压器和干式树脂变压器两种，电力变压器的绝缘即是变压器绝缘材料组成的绝缘系统，它是变压器正常工作和运行的基本条件，变压的使用寿命是由绝缘材料（即油纸或树脂等）的寿命所决定的。实践证明，大多变压器的损坏和故障都是因绝缘系统的损坏而造成。

中小型变压器检测判断常采用的方法如下。

(1) 检测直流电阻。用电桥测量每相高、低压绕组的直流电阻，观察其相间阻值是否平衡，是否与制造厂出厂数据相符；若不能测相电阻，可测线电阻，从绕组的直流电阻值即可判断绕组是否完整，有无短路和断路情况，以及分接开关的接触电阻是否正常。若切换分接开关后直流电阻变化较大，说明问题出在分接开关触点上，而不在绕组本身。上述测试还能检查套管导杆与引线、引线与绕组之间连接是否良好。它是变压器大修时、无载开关调级后、变压器出口短路后和1～3年1次等必试项目。

(2) 用绝缘电阻表测量各绕组间、绕组对地之间的绝缘电阻值和吸收比，根据测得的数值，可以判断各侧绕组的绝缘有无受潮，彼此之间以及对地有无击穿与闪络的可能。

(3) 检测介质损耗。测量绕组间和绕组对地的介质损耗，根据测试结果，判断各侧绕组绝缘是否受潮、是否有整体劣化等。

(4) 取绝缘油样作简化试验。用闪点仪测量绝缘油的闪点是否降低，绝缘油有无炭粒、纸屑，并注意油样有无焦臭味，同时可测油中的气体含量，用上述方法判断故障的种类、性质。

(5) 空载试验。对变压器进行空载试验，测量三相空载电流和空载损耗值，以此判断变压器的铁芯硅钢片间有无故障，磁路有无短路，以及绕组短路故障等现象。

（二）变压器的异常运行及处理

变压器异常运行主要表现为声音不正常，温度显著升高，油色变黑，油位升高或降低，变压器过负荷，冷却系统故障，以及三相负荷不对称等。当出现以上异常现象时，应按运行规程规定，采取措施将其消除，并将处理经过记录在异常记录簿上。

1. 变压器声音不正常

变压器运行时，应为均匀的“嗡嗡”声。这是因为交流电流通过变压器绕组时，在铁芯中产生周期性变化的交变磁通，随着磁通的变化，引起铁芯的振动而发出均匀的“嗡嗡”声。如果变压器产生不均匀声音或其他异声，都属于变压器声音不正常。

引起不正常声音的原因有以下几点：

(1) 变压器过负荷。过负荷使变压器发出沉重的“嗡嗡”声。

(2) 变压器负荷急剧变化。如系统中的大动力设备（如电弧炉、汞弧整流器等）启动，使变压器的负荷急剧变化，变压器发出较重的“哇哇”声，或随着负荷的急剧变化，变压器发出“割割割、割割割”的突发间歇声。

(3) 系统短路。系统发生短路时，变压器流过短路电流使变压器发出很大的噪声。出现上述情况，运行值班人员应对变压器加强监视。

(4) 电网发生过电压。如中性点不接地系统发生单相接地或系统产生铁磁谐振，致使电网发生过电压，使变压器发出时粗时细的噪声。这时可结合电压表的指示作综合判断。

(5) 变压器铁芯夹紧件松动。铁芯夹紧件松动使螺栓、螺钉、夹件、铁芯松动，使变压器发出“叮叮当当”和“呼…呼…”等锤击和类似刮大风的声音。此时，变压器油位、油色、油温均正常，运行值班人员应加强监视，待大修时处理。

(6) 内部故障放电打火。内部接头焊接或接触不良，分接开关接触不良，铁芯接地线断开故障，使变压器发出“嗤嗤”或“噼啪”放电声。此时，变压器应停电处理。

(7) 绕组绝缘击穿或匝间短路。如绕组绝缘击穿，变压器声音中夹杂不均匀的爆裂声；绕组匝间短路，短路处严重局部过热，变压器油局部沸腾，使变压器声音中夹杂有“咕噜咕噜”的沸腾声。此时，应将变压器停电处理。

(8) 外界气候引起的放电。如大雾、阴雨天气或夜间，变压器套管处有蓝色的电晕或火花，发出“嘶嘶”或“嗤嗤”的声音，这说明瓷件污秽严重或设备线卡接触不良，此情况应加强监视，待停电时处理。

2. 变压器油温异常

在正常负荷和正常冷却条件下，变压器上层油温较平时高出10℃以上，或变压器负荷不变而油温不断上升，则应认为变压器温度异常。变压器温度异常可能是下列原因造成的：

(1) 变压器内部故障。如绕组匝间短路或层间短路，绕组对其他部位放电，内部引线接头发热，铁芯多点接地使涡流增大而过热等。这时变压器应停电检修。

(2) 冷却装置运行不正常。如潜油泵停运，风扇损坏停转，散热器阀门未打开。此时，在变压器不停电状态下，可对冷却装置的部分缺陷进行处理，或按规程规定调整变压器负荷至相应值。

3. 变压器油色不正常

变压器油有新油和运行油两种。新油呈亮黄色，运行油呈透明微黄色。运行值班人员巡视时，发现变压器油位计中油的颜色发生变化，应取样分析化验。当化验发现油内含有碳粒和水分、酸钾增高、闪光点降低、绝缘强度降低时，说明油质已急剧下降，容易发生内部绕组对变压器外壳的击穿事故。此时，变压器应停止运行。若运行中变压器油色骤然变化，油内出现碳质并有其他不正常现象时，应立即停用该变压器。

4. 变压器油位不正常

为了监视变压器的油位，变压器的储油柜上装有玻璃管油位计或磁针式油位计。储油柜采用玻璃管油位计时，储油柜上标有油位监视线，分别表示环境温度为－20、＋20、＋40℃时变压器正常的油位。如果采用磁针式油位计，在不同环境温度下，指针应停留的温度由制造厂提供的油位-温度曲线确定。

变压器运行时，正常情况下，变压器的油位随变压器油温度的变化而变化，而油温取决于变压器所带负荷的多少、周围环境稳定和冷却系统运行情况。变压器油位异常有如下三种表现形式：

(1) 油位过高。油位因油温升高而高出最高油位线，有时油位到顶看不到油位。油位过高的原因是：变压器冷却器运行不正常，使变压器油温升高，油受热膨胀，造成油位上升；变压器加油时，油位偏高较多，一旦环境温度明显上升，则引起油位过高。如果油位过高是因冷却器运行不正常引起，则应检查冷却器表面有无积灰堵塞，油管道上、下阀门是否打开，管道有否堵塞，风扇、潜油泵运转是否正常合理，冷却介质温度是否合适，流量是否足够。如果油位过高是因加油过多引起，应放油至适当高度；若油位看不到，应判断为油位确实高出最高油位线，再放油至适当高度。

(2) 油位过低。当变压器油位较当时油温对应的油位显著下降，油位在最低油位线以下或看不见时，应判断为油位过低。造成油位过低的原因是：变压器漏油；变压器原来油位不高，遇有变压器负荷突然下降或外界环境温度明显降低时，使油位过低；强迫油循环水冷变压器油漏入冷油器时间较长，也会使油位过低。油位过低，会造成轻瓦斯保护动作，若为浮子式继电器，还会造成重瓦斯保护跳闸。严重缺油时，变压器铁芯和绕组会暴露在空气中，这不但容易受潮降低绝缘能力，而且可能造成绝缘击穿。因此，变压器油位过低或油位明显降低，应尽快补油至正常油位。如因漏油严重使油位明显降低，应禁止将瓦斯保护由跳闸改为信号，消除漏油，并使油位恢复正常。若大量漏油，油位低至气体继电器以下或继续下降，应立即停用该变压器。

运行中的变压器补油时，应注意下列事项：补入的新油应与变压器原有的油型号相同，防止混油，且新补入的油应经试验合格。补油前，应将重瓦斯保护改接信号位置，防止误跳闸。补油后要注意检查气体继电器，及时放出气体，24h后无问题再将重瓦斯投入跳闸位置。补油量要适量，油位与变压器当时的油温相适应。禁止从变压器下部阀门补油，以防止将变压器底部沉淀物冲起进入绕组内，影响变压器绝缘的散热。

(3) 假油位。如果变压器油温的变化是正常的，而油标管内油位不变化或变化异常，则该油位是假油位。造成假油位的原因可能有：当非胶囊（胶囊也称胶袋）密封式储油柜油枕管堵塞、呼吸器堵塞或防爆管气孔堵塞时，均会出现假油位。当胶囊密封式储油柜内存有一定数量的空气、胶囊呼吸不畅、胶囊装设位置不合理及胶囊袋破裂等也会造成假油位。处理时，应先将重瓦斯保护解除。

变压器运行时，一定要保持正常油位。运行值班人员应按时检查油位计的指示。油位过高时（如夏季），应及时放油；在油位过低时（如冬季），应及时补油，以维持正常油位，确保变压器安全运行。

5. 变压器过负荷

运行中的变压器过负荷时，警铃响，出现“过负荷”和“温度高”光字牌信号，可能出现电流表指示超过额定值，有功功率、无功功率指示增大。运行值班人员发现上述现象后时，按下述原则处理：

(1) 停止音响报警，汇报班长、值长，并做好记录。

(2) 及时调整运行方式，调整负荷的分配，如有备用变压器，应立即投入。

(3) 属正常过负荷或事故过负荷时，按过负荷倍数确定允许运行时间。若超过允许运行时间，应立即减负荷，并加强对变压器温度的监视。

(4) 过负荷运行时间内，应对变压器及其相关系统进行全面检查，发现异常应立即处理。

6. 变压器不对称运行

运行中的变压器，造成不对称运行的原因有：

(1) 三相负荷不对称，造成变压器不对称运行。如变压器带有大功率的单相电炉、电力机车、电焊变压器等。

(2) 由三台单相变压器组成三相变压器。当其中一台损坏而用不同参数的变压器来代替时，造成电流和电压不对称。

(3) 变压器两相运行。如三相变压器一相绕组故障；三相变压器某侧断路器一相断开；三相变压器的分接头接触不良；三台单相的变压器组成三相变压器，其中一台故障，两台单相变压器运行等。

变压器不对称运行，会造成变压器容量降低，同时，对变压器本身有一定危害，且电压、电流不对称，对用户也会造成影响。因此，变压器出现不对称运行，应分析引起的原因，并针对引起的原因，尽快消除。

7. 变压器冷却装置故障

变压器冷却装置的常见故障有：冷却装置工作电源全部中断、部分冷却装置电源中断、潜油泵故障或风扇故障使部分冷却装置停运、变压器冷却水中断。当冷却装置故障时，变压器发出“备用冷却器投入”和“冷却器全停”信号。冷却装置故障的原因一般为：

(1) 供电电源熔断器熔断或供电电源母线故障。

(2) 冷却装置工作电源开关跳闸。

(3) 单台冷却器的电源自动开关故障跳闸或潜油泵和风扇电机的熔断器熔断。

(4) 潜油泵、风扇损坏及连接管道漏油。

当冷却系统发生故障时，可能迫使变压器降低容量运行，严重者可能迫使变压器停运，甚至损坏变压器。因此，当冷却系统发生故障时，应分析故障原因，迅速处理。对于油浸风冷变压器，当发生风扇电源故障时，应立即调整变压器所带的荷，使之不超过70%额定容量。单台风扇发生故障，可不降低变压器的负荷。

对于强迫油循环风冷变压器，若冷却装置电源全部中断，应设法于10min内恢复1路或2路电源。在进行处理期间，可适当降低负荷，并对变压器上层油温及储油柜、油位严密监视。因冷却装置电源全停时，变压器油温和油位会急剧上升，有可能出现油从储油柜中溢出或从防爆管跑油现象。如果10min内，冷却装置电源能恢复，当冷却装置恢复正常运行后，储油柜油位又会急剧下降。此时，若油位下降到油标－20℃以下并继续下降时，应立即停用重瓦斯保护。如果10min内冷却装置电源不能恢复，则应立即停用变压器。如果冷却器部分损坏或1/2电源失去，应根据冷却器台数与相应容量的关系，立即调整变压器负荷至相应允许值，直至冷却器修复或电源恢复。由于大型变压器一般设有辅助和备用冷却器，在变压器上层油温升至规定值时，辅助冷却器会自动投入，在个别冷却器故障时，备用冷却器会自动投入，故无需调整变压器的负荷。但有“备用冷却器投入”信号后，运行值班人员应检查备用冷却器投入运行是否正常。

8. 轻瓦斯保护动作报警

变压器装有气体继电器，重瓦斯保护反应变压器内部短路故障，动作于跳闸；轻瓦斯保护反应变压器内部轻微故障，动作于信号。由于种种原因，变压器内部产生少量气体，这些气体积聚在气体继电器内，聚积的气体达一定数量后，轻瓦斯保护动作报警（电铃响，"轻瓦斯动作"光字牌亮），提醒运行值班人员分析处理。

轻瓦斯保护动作的可能原因是：变压器内部轻微故障，如局部绝缘水平降低而出现间隙放电及漏电，产生少量气体；也可能是空气浸入变压器内，如滤油、加油或冷却系统不严密，导致空气进入变压器而聚积在气体继电器内；变压器油位降低，并低于气体继电器，使空气进入气体继电器内；二次回路故障，如直流系统发生两点接地，或气体继电器引线绝缘不良，引起误发信号。运行中的变压器发生轻瓦斯保护报警时，运行值班人员应立即报告当值调度，复归信号，并进行分析和现场检查，根据变压器现场外部检查结果和气体继电器内气体取样分析结果作相应的处理：

（1）检查变压器油位。如果是变压器油位过低引起，则设法消除油位过低，并恢复正常油位。

（2）检查变压器本体及强迫油循环冷却系统是否漏油。如有漏油，可能有空气浸入，应消除漏油。

（3）检查变压器的负荷、温度和声音等的变化，判断内部是否有轻微故障。

（4）如果气体继电器内无气体，则考虑二次回路故障造成误报警。此时，应将重瓦斯保护由跳闸改投信号，并由继电保护人员检查处理，正常后再将重瓦斯保护投跳闸位置。

（5）变压器外观检查正常，轻瓦斯保护报警系由继电器内气体聚积引起时，应记录气体数量和报警时间，并收集气体进行化验鉴定，根据气体鉴定的结果再做出如下相应处理：应放出空气，并注意下次发出信号的时间间隔；若间隔逐渐缩短，应切换至备用变压器供电；短期内查不出原因，应停用该变压器；气体为可燃且色谱分析不正常时，说明变压器内部有故障，应停用该变压器；气体为淡灰色，有强烈臭味且可燃，说明为变压器内部绝缘材料故障，即纸或纸板有烧损，应停用该变压器。气体为黑色、易燃烧，为油故障（可能是铁芯烧坏、或内部发生闪络引起油分解），应停用该变压器；气体为微黄色，且燃烧困难，可能为变压器内木质材料故障，应停用该变压器。

9. 变压器重瓦斯保护动作处理

变压器重瓦斯动作一般是因为变压器内部发生了较为严重的故障所导致。如绕组匝间短路、相间短路、铁芯故障和严重漏油等。

若变压器发生重瓦斯动作首先应对变压器外部进行全面检查：

（1）储油柜的油位应与温度相对应，各部位无渗油、漏油。

（2）套管油位应正常，套管外部无破损裂纹、无严重油污、无放电痕迹及其他异常现象。

（3）吸湿器完好，吸附剂干燥。

（4）引线接头、电缆、母线应无发热迹象。

（5）压力释放器、安全气道及防爆膜应完好无损。

（6）对变压器分接开关进行检查，检查动静触头间接触是否良好，检查触头分接线是否紧固，检查分接开关绝缘件有无受潮、剥裂或变形。

若发现以上检查项目有明显问题后，针对发生的问题进行如下处理：

（1）取瓦斯，判断瓦斯性质。故障变压器内产生的气体是由于变压器内部不同部位所产生的，不同的过热形式造成的。而判明瓦斯继电器内气体的性质、气体集聚的数量及速度程度是至关重要的。当集聚的气体是无色无臭且不可燃的，则瓦斯动作的原因是因油中分离出来的空气引起的，则属于非变压器故障原因；当气体是可燃的，则有极大可能是变压器内部故障所致。

（2）取油样，送检。做油中溶解气体色谱分析试验。

（3）按照电力设备预防性试验规程的要求，对变压器进行测试（进行绝缘电阻、直流电阻等试验）。

如果瓦斯继电器内无气体，变压器外部也无异常现象，则可能是瓦斯继电器二次回路有故障，应对二次回路进行检查，是否瓦斯保护误动。

经检查引起变压器重瓦斯保护动作的原因为变压器内部故障时，例如引起的原因为变压器内部发生多相短路、匝间短路、匝间与铁芯或外部短路或铁芯等故障，则变压器不得投入运行，需要对变压器吊罩进行内部检查。若经以上检查，未发现问题，可对变压器进行零起升压试验，若良好可投入运行。

第五章

配电设备的运行与维护

第一节　断路器和隔离开关的运行与维护

高压断路器是电力系统中发、送、变、配电接通、分断电路和保护电路的主要设备。它具有完善的灭弧装置，正常运行时，用来接通和断开负荷电流，在某些电气主接线中，还担任改变主接线运行方式的任务。故障时，用来断开短路电流，切除故障电路。

高压断路器是电力系统中最重要的开关设备之一，它起着控制和保护电力设备的双重作用。控制作用主要体现在根据电力系统运行的需要，将部分或全部电力设备或线路投入或退出运行；保护作用体现在当电力系统任何部分发生故障时，应将故障部分从系统中快速切除，防止事故扩大，保护系统中各类电气设备不受损坏，保证系统的安全运行。

一、高压断路器概述

高压断路器一般由导电回路、可分触头、灭弧装置、绝缘部件、底座、传动机构、操动机构等组成。导电回路用来承载电流；可分触头是使电路接通或分断的执行组件；灭弧装置则是用来迅速、可靠地熄灭电弧，使电路最终断开。与其他开关相比，断路器灭弧装置的熄弧能力最强，结构也比较复杂。触头的分合运动是靠操动机构做功并经传动机构传递力来带动的。其操作方式可分为手动、电动、气动和液压等。有些断路器（如油断路器、六氟化硫断路器等）的操动机构并不包括在断路器的本体内，而是作为一种独立的产品提供断路器选配使用。

（一）断路器的主要性能参数

（1）额定电压：是指断路器长期运行时能承受的正常工作电压。它不仅决定了断路器的绝缘水平，而且在相当程度上决定了断路器的总体尺寸。

（2）最高工作电压：由于电网不同地点的电压可能高出额定电压的10%左右，故规定了最高工作电压。对于220kV及以下设备，其最高工作电压为额定电压的1.15倍；对于330 kV设备，规定为1.1倍。

（3）额定电流：指断路器在额定电压下，长期通过此电流时无损伤，且各部分发热不导致超过长期工作时最大允许温升。

（4）额定开断电流：在额定电压下，断路器能保证正常分断的最大短路电流的有效值，它表征断路器的开断能力。

（5）额定短路接通电流：在额定电压、规定使用条件和性能条件下，断路器能保证正常接通的最大短路接通电流（峰值）。

（6）额定短时耐受电流：在规定的使用和性能条件下以及确定的短时间内，断路器在闭合位置所能承载的电流有效值，此值通常与额定短路分断电流相同。

（7）额定峰值耐受电流：在规定的使用和性能条件下，断路器在闭合位置所能承受额定短时耐受电流第一个大半波的峰值电流。

（8）分断时间：从断路器接到断开指令瞬间起至燃弧时间结束时止的时间间隔。

（二）断路器的分类

断路器品种繁多，其适用条件和场所、灭弧原理各不相同，结构上也有较大差异。因此，断路器分类有多种方式。主要分类方式有：

（1）按适用电器分为交流断路器和直流断路器。

（2）按使用电压分为低压断路器和高压断路器。前者的交流额定电压不大于 1200V 或直流额定电压不大于 1500V，后者的额定电压在 3000V 及以上。

（3）按断路器灭弧介质分为油断路器、压缩空气断路器、六氟化硫（SF_6）断路器、真空断路器、磁吹断路器、空气断路器和固体产气断路器（指利用固体产气物质在电弧高温作用下分解出的气体来熄灭电弧的断路器）。

目前，在发电厂和变电站中，最常用的断路器是六氟化硫断路器和真空断路器，其他断路器用的相对较少。

选择断路器必须按正常的工作条件进行，并且按断路情况校验其热稳定和动稳定。此外，还应考虑电器安装地点的环境条件，当气温、风速、温度、污秽等级、海拔、地震烈度和覆冰厚度等环境条件超过一般电器使用条件时，应采取有效措施。

对高压断路器有以下几个方面的要求，这些要求在断路器的基本技术参数上得到体现。

（1）断路器在额定条件下（额定电压、额定电流）可以长期工作。

（2）应有足够的开断能力，并保证有足够的热稳定和动稳定（开断电流、额定关合电流、极限通过电流、热稳定电流）。

（3）具有尽可能短的开断时间，这对减少电网的故障时间，减轻故障设备的损害，提高系统稳定性都是有利的。

（4）结构简单、价格低廉、体积小、质量轻、便于安装。

二、高压断路器的灭弧和操动机构

灭弧是断路器的一个重要应用之一，由于电弧不仅会对设备线路造成破坏，甚至还会影响人身安全。

（一）高压断路器的灭弧方法

灭弧的基本方法就是加强去游离，提高弧隙介质强度的恢复过程，或改变电路参数降低弧隙电压的恢复过程，目前开关电器的主要灭弧方法有：

（1）利用介质灭弧。弧隙的去游离在很大程度上，取决于电弧周围灭弧介质的特性。六氟化硫气体是很好的灭弧介质，其电负性很强，能迅速吸附电子而形成稳定的负离子，有利于复合去游离，其灭弧能力比空气约强 100 倍；真空（压强在 0.013Pa 以下）也是很好的灭弧介质，因真空中的中性质点很少，不易于发生碰撞游离，且真空有利于扩散去游离，其灭弧能力比空气约强 15 倍。采用不同介质可以制成不同的断路器，如油断路器、六氟化硫断路器和真空断路器。

（2）利用气体或油吹动电弧。吹弧使弧隙带电质点扩散和冷却复合。在高压断路器中利用各种灭弧室结构形式，使气体或油产生巨大的压力并有力地吹向弧隙。吹弧方式主要有纵吹与横吹两种。纵吹是吹动方向与电弧平行，它促使电弧变细；横吹是吹动方向与电弧垂直，它把电弧拉长并切断。

（3）采用特殊的金属材料作灭弧触头。采用熔点高、导热系数和热容量大的耐高温金属作触头材料，可减少热电子发射和电弧中的金属蒸气，得到抑制游离的作用；同时采用的触头材料还要求有较高的抗电弧、抗熔焊能力。常用触头材料有铜钨合金、银钨合金等。

（4）电磁吹弧。电弧在电磁力作用下产生运动的现象，叫电磁吹弧。由于电弧在周围介质中运动，它起着与气吹的同样效果，从而达到熄弧的目的，这种灭弧的方法在低压开关电器中应用得更为广泛。

（5）使电弧在固体介质的狭缝中运动。此种灭弧的方式又叫狭缝灭弧。由于电弧在介质的狭缝中运动，一方面受到冷却，加强了去游离作用；另一方面电弧被拉长，弧径被压小，弧电阻增大，促使电弧熄灭。

（6）将长弧分隔成短弧。当电弧经过与其垂直的一排金属栅片时，长电弧被分割成若干段短弧；而短电弧的电压降主要降落在阴、阳极区内，如果栅片的数目足够多，使各段维持电弧燃烧所需的最低电压降的总和大于外加电压时，电弧就自行熄灭。另外，在交流电流过零后，由于近阴极效应，每段弧隙介质强度骤增到150～250V，采用多段弧隙串联，可获得较高的介质强度，使电弧在过零熄灭后不再重燃。

（7）采用多断口灭弧。高压断路器每相由两个或多个断口串联，使得每一断口承受的电压降低，相当于触头分断速度成倍地提高，使电弧迅速拉长，对灭弧有利。

（8）提高断路器触头的分离速度。提高了拉长电弧的速度，有利于电弧冷却复合和扩散。

（二）SF_6 断路器灭弧特点

SF_6 断路器是用 SF_6 气体作为灭弧和绝缘介质的断路器。它与空气断路器同属于气吹断路器，不同之处在于工作气压较低；在吹弧过程中，气体不排向大气，而在封闭系统中循环使用。

SF_6 的优点是其分子和自由电子有非常好的混合性。当电子和 SF_6 分子接触时几乎100%的混合而组成重的负离子，这种性能对剩余弧柱的消电离及灭弧有极大的使用价值。即 SF_6 具有很好的负电性，它的分子能迅速捕捉自由电子而形成负离子。这些负离子的导电作用十分迟缓，从而加速了电弧间隙介质强度的恢复率，因此有很好的灭弧性能。在一个大气压下，SF_6 的灭弧性能是空气的100倍，并且灭弧后不变质，可重复使用。SF_6 气体优良的绝缘和灭弧性能，使 SF_6 断路器具有如下优点：开断能力强，断口电压适于做得较高，允许连续开断次数较多，适用于频繁操作，噪声小，无火灾危险，机电磨损小等，是一种性能优异的“无维修”断路器，在高压电路中应用越来越多。

纯净的 SF_6 气体是良好的灭弧介质，但若用于频繁操作的低压电器中，由于频繁操作的电弧作用，金属蒸气与 SF_6 气体分解物起反应，结合而生成绝缘性很好的细粉末（氢氟酸盐、硫基酸盐等），沉积在触头表面，并严重腐蚀触头材料，从而接触电阻急剧增加，使充有 SF_6 气体的密封触头不能可靠地工作，因此对于频繁操作的低压电器不适宜用 SF_6 作灭弧介质。

SF_6 气体在放电时的高温下会分解出有腐蚀性的气体，对铝合金有严重的腐蚀作用，对酚醛树脂层压材料、瓷绝缘也有损害。若把 SF_6 和氮气混合使用，当 SF_6 含量超过 20%～30%时，其绝缘强度已和全充 SF_6 时绝缘强度相同，而腐蚀性又大大减少，因此，SF_6 常混合氮气使用，在 SF_6 断路器中，SF_6 气体的含水量必须严格规定不能超过标准。水会与电弧分解物中的 SF_4 产生氢氟酸而腐蚀材料。当水分含量达到饱和时，还会在绝缘件表面凝露，使绝缘强度显著降低，甚至引起沿面放电。运行经验及上述论析都表明：SF_6 断路器由于绝缘结构体积较小，若 SF_6 气体的含水量较高，则将使绝缘水平大大下降，接触电阻急剧增加，在运行中易发生损坏或爆炸事故。因此，各制造厂及运行部门都要求有严格的密封工艺，同时规定 SF_6 气体的含水量不得超过标准。中国的标准是 SF_6 气体的含水量应小于 300μL/L（容积比）。

SF_6 断路器以 SF_6 气体为灭弧介质。在正常情况下，SF_6 是一种不燃、无臭、无毒的惰性气体，密度约为空气的 5 倍。但 SF_6 气体在电弧作用下，小部分会被分解，生成一些有毒的低氟化物，对身体健康有影响，对金属部件也有腐蚀和劣化作用。因此，在 SF_6 断路器中，一般均装有吸附装置，吸附剂为活性氧化铝、活性炭和分子筛等。吸附装置可完全吸附 SF_6 气体在电弧的高温下分解生成的毒质。

（三）真空断路器灭弧特点

真空断路器是利用真空（真空度为 10～4mmHg[1] 以下）具有良好的绝缘性能和耐弧性能等特点，将断路器触头部分安装在真空的外壳内而制成的断路器。真空断路器具有体积小、质量轻、噪声小、易安装、维护方便等优点，尤其适用于频繁操作的电路。

真空灭弧室中电弧的点燃是由于真空断路器动静触头分开的瞬间，触头表面蒸发金属蒸气，并被游离而形成电弧造成的。真空灭弧室中电弧弧柱压差很大，质量密度差也很大，因而弧柱的金属蒸气（带电质点）将迅速向触头外扩散，加剧了去游离作用，加上电弧弧柱被拉长、拉细，从而得到更好的冷却，电弧迅速熄灭，介质绝缘强度很快得到恢复，从而阻止电弧在交流电流自然过零后重燃。

（四）高压断路器的操动机构

操动机构是高压断路器的重要组成部分，它由储能单元、控制单元和力传递单元组成。目前，发电厂断路器最常用的是弹簧操动机构。

弹簧操动机构是一种以弹簧作为储能组件的机械式操动机构。弹簧的储能借助电动机通过减速装置来完成，并经过锁扣系统保持在储能状态。开断时，锁扣借助磁力脱扣，弹簧释放能量，经过机械传递单元使触头运动。弹簧操动机构结构简单，可靠性高，分合闸操作采用两个螺旋压缩弹簧实现。储能电动机给合闸弹簧储能，合闸时合闸弹簧的能量一部分用来合闸，另一部分用来给分闸弹簧储能。合闸弹簧一释放，储能电动机立刻给其储能，储能时间不超过 15s（储能电动机采用交直流两用电动机）。运行时分合闸弹簧均处于压缩状态，而分闸弹簧的释放有一独立的系统，与合闸弹簧没有关系。这样设计的弹簧操动机构具有高度的可靠性和稳定性。近年来弹簧操动机构由于其本身众多的优点而在 SF_6 断路器中得到了

[1] 1mmHg=1.333 2×10^2Pa。

广泛的应用，尤其在用于操作功较小的自能式和半自能式灭弧室中，由于其体积小，操作噪声小，对环境无污染，耐气候条件好，免运行维护，可靠性高等一系列优点受到电力系统广大用户的推崇，是当前发展势头迅猛的一种断路器操作机构。

三、高压断路器的运行和维护

（一）高压断路器的巡回检查

1. 正常巡视检查项目及要求

（1）套管引线接头有无发热变色现象，引线有无断股、散股、扭伤痕迹。

（2）瓷套、支柱绝缘子是否清洁，有无裂纹、破损、电晕和不正常的放电现象。

（3）断路器内有无放电及不正常声音。

（4）断路器的实际位置与机械及电气指示位置是否一致。

（5）液压机构的工作压力是否在规定范围内，箱内有无渗油、漏油情况。

（6）机械闭锁是否与断路器实际位置相符。

（7）SF_6 断路器压力正常，各部分及管路有无异常声音（漏气声、振动声）。

（8）SF_6 断路器巡视检查时，记录 SF_6 气体压力。

（9）断路器及操作机构接地是否牢固可靠。

（10）防雨罩、机构箱内有无小动物及杂物造成安全威胁。

2. 在断路器大负荷运行/异常天气等特殊情况下的巡视项目

（1）套管及引线接头有无过热、发红，有无不正常放电的声音及电晕。

（2）大风时引线有无剧烈摆动，上部有无挂落物，周围有无可能被卷到设备上的杂物。

（3）雷雨后套管有无闪络，放电痕迹，有无破损。

（4）雨天、雾天有无不正常放电、冒气现象。

（5）下雪天，套管接头处的积雪有无明显减少或冒热气，是否有放电、发热现象。

（6）大电流短路故障后检查设备、接头有无异状，引下线有无断股、散股、喷油、冒烟等现象。

3. 断路器合闸、分闸后应检查的项目

断路器合闸后应检查：

（1）电流、无功功率和有功功率的指示是否正常。

（2）机械指示及信号指示与实际相符，有无非全相供电的现象。

（3）有无内外部异响放电现象。

（4）瓷套管支柱和操作连杆、拐臂有无损坏。

（5）液压机构打压、储能是否正常，弹簧储能是否正常。

（6）送电后，如发现相应系统三相电压不平衡，出现接地或间接接地现象时，应立即检查断路器的三相合闸状态。

断路器分闸后的检查：合闸指示灯灭，分闸指示灯亮，机械位置指示在分闸位置，相关电流表计指示为零。

（二）高压断路器的异常处理

1.“拒合”故障的判断和处理

发生“拒合”情况，基本上是在合闸操作或重合闸过程中。此种故障危害性较大，例如

在事故情况下要求紧急投入备用电源时，如果备用电源断路器拒绝合闸，则会扩大事故。判断断路器“拒合”的原因及处理方法一般可以分三步。

（1）检查前一次拒绝合闸是否因操作不当引起（如控制开关放手太快等），用控制开关再重新合一次。

（2）若合闸仍不成功，检查电气回路各部位情况，以确定电气回路是否有故障。检查项目有：合闸控制电源是否正常；合闸控制回路熔断器和合闸回路熔断器是否良好；合闸接触器的触点是否正常；将控制开关扳至“合闸时”位置，看合闸铁芯动作是否正常。

（3）如果电气回路正常，断路器仍不能合闸，则说明为机械方面故障，应停用断路器，报告调度安排检修处理。

经过以上初步检查，可判定为电气方面或机械方面的故障。常见的电气回路故障和机械方面的故障如下。

常见的电气回路故障如下。

（1）若合闸操作前红、绿灯均不亮，说明无控制电源或控制回路有断线现象。可检查控制电源和整个控制回路上的组件是否正常，如操作电压是否正常，熔断器是否熔断，防跳继电器是否正常，断路器辅助接点接触是否良好等。

（2）当操作合闸后绿灯闪光，而红灯不亮，仪表无指示，喇叭响，断路器机械分、合闸位置指示器仍在分闸位置，则说明操作手柄位置和断路器的位置不对应，断路器未合上。其常见的原因有：合闸回路熔断器熔断或接触不良；合闸接触器未动作；合闸线圈发生故障。

（3）当操作断路器合闸后，绿灯熄灭，红灯瞬时明亮后又熄灭，绿灯又闪光且有喇叭响，说明断路器合上后又自动跳闸。其原因可能是断路器合在故障线路上造成保护动作跳闸或断路器机械故障不能使断路器保持在合闸状态。

（4）若操作合闸后绿灯闪光或熄灭，红灯不亮，但表计有指示，机械分、合闸位置指示器在合闸位置，说明断路器已经合上。可能的原因是断路器辅助接点接触不良，例如常闭接点未断开，常开接点未合上，致使绿灯闪光和红灯不亮；还可能是合闸回路断线或合闸红灯烧坏。

常见的机械方面故障：传动机构连杆松动脱落；合闸铁芯卡涩；断路器分闸后机构未复归到预合位置；跳闸机构脱扣；合闸电磁铁动作电压过高，使挂钩未能挂住；分闸连杆未复归；机构卡死，连接部分轴销脱落，使机构空合；有时断路器合闸时多次连续做分合动作，此时系开关的辅助常闭接点打开过早。

2.“拒分”故障的判断与处理

断路器的“拒分”对系统安全运行威胁很大，当设备发生故障时，断路器拒动，将会使电气设备烧坏或越级跳闸而引起电源断路器跳闸，使变配电所母线电压消失，造成大面积停电。对“拒分”故障的处理方法如下。

根据事故现象，判断是否属于断路器“拒分”事故。当出现表记全盘摆动，电压表指示值显著降低，回路光字牌亮，信号掉牌显示保护动作，则说明断路器拒绝分闸。

确定断路器故障后，应立即手动分闸。当尚未判明故障断路器之前而主变压器电源总断路器电流表指示值明显增大，异常声响强烈，应先拉开电源总断路器，以防烧坏主变压器。当上级后备保护动作造成停电时，若查明有分路保护动作，断路器未跳闸，应拉开拒动的断路器，恢复上级电源断路器；若查明各分路开关均未动作（也可能是保护拒动），则应检查停电范围内的设备有无故障，若无故障应拉开所有分路断路器，合上电源断路器后，逐一试送各分路断路器，当送到某一分路时电源断路器又再跳闸，则可判明该断路器为故障（“拒分”）断路器。这时不应再送该断路器，但要恢复其他回路供电。

在检查“拒分”断路器除可迅速排除的一般电气故障（如控制电源电压过低，控制回路熔断器接触不良，熔丝熔断等）外，对一时难以处理的电气或机械性故障，均应联系调度，做停用、转检修处理。对断路器“拒分”故障的分析判断方法如下。

（1）检查是否为跳闸电源的电压过低所致。

（2）检查跳闸回路是否完好，如果跳闸铁芯动作良好而断路器“拒分”，则说明是机械故障。

（3）若操作电压正常，操作后铁芯不动，则很可能是电气故障引起“拒分”。

（4）如果电源良好，而铁芯动作无力、铁芯卡涩或线圈故障造成“拒分”，可能是电气和机械方面同时存在故障。常见的电气和机械方面的故障如下。

1）电气方面原因有：控制回路熔断器熔断或跳闸回路各组件（如控制开关触点、断路器操动机构辅助触点、防跳继电器和继电保护跳闸回路等）接触不良；跳闸回路断线或跳闸线圈烧坏；继电保护整定值不正确；直流电压过低，低于额定电压的80％以下。

2）机械方面原因有：跳闸铁芯动作冲击力不足，说明铁芯可能卡涩或跳闸铁芯脱落；触头发生焊接或机械卡涩，传动部分故障（如销子脱落等）。

3.“误分”故障的判断和处理

如果断路器自动跳闸而继电保护未动作，且在跳闸时系统无短路或其他异常现象，则说明断路器“误分”。对“误分”的判断和处理一般分以下三步进行：

（1）根据事故现象的特征，即在断路器跳闸前表计、信号指示正常，跳闸后，绿灯连续闪光，红灯熄灭，该断路器回路的电流表及有功功率、无功功率表指示为零，则可判定属“误分”。

（2）检查是否属于因人员误碰、误操作，或受机械外力振动而引起的“误分”，此时应排除开关故障原因，立即送电。

（3）若因为电气或机械部分故障而不能立即送电，则应联系调度将“误分”断路器停用转检修处理。

常见的电气和机械方面的故障分别如下。

（1）电气方面故障：保护误动作或整定值不当，或电流、电压互感器回路故障；二次回路绝缘不良，直流系统发生两点接地，使直流正、负电源接通，这相当于继电保护动作，产生信号而引起跳闸。

（2）机械方面故障：跳闸脱扣机构维持不住；定位螺杆调整不当，使拐臂三点过高；拖架弹簧变形，弹力不足；滚轮损坏；拖架坡度大、不正或滚轮在拖架上接触面少。

4.“误合”故障的判断和处理

若断路器未经操作自动合闸，则属“误合”故障。经检查确认为未经合闸操作，若手柄处于“分后”位置，而红灯连续闪光，表明断路器已合闸，但属“误合”，此时应拉开“误合”的断路器。

对“误合”的断路器，如果拉开后断路器又再“误合”，应取下合闸熔断器，分别检查电气和机械方面的原因，联系调度将断路器停用转检修处理。“误合”的可能原因如下：

（1）直流回路中正、负两点接地，使合闸控制回路接通。

（2）自动重合闸继电器内某组件故障接通控制回路（如内部时间继电器常开接点误闭合），使断路器合闸。

（3）合闸接触器线圈电阻过小，且起动电压偏低，当直流系统瞬间发生脉冲时，会引起断路器误合闸。

5. SF_6 断路器气体压力异常或本体严重漏气的处理

（1）当断路器 SF_6 气体压力降低报警时，应立即到现场检查 SF_6 气体压力值，加强监视，并及时汇报调度，通知维修单位进行处理。

（2）当 SF_6 气体渗漏严重，压力下降较快且接近或降至闭锁值时，应向调度汇报申请停电处理；SF_6 气体压力低于闭锁值时，不得进行该断路器的操作。

（3）当 SF_6 气体压力降至分、合闸闭锁值报警时，应立即到现场检查 SF_6 气体压力，如压力确降至闭锁值，应立即将该断路器控制电源拉开，使该断路器变为死连接断路器，并汇报调度申请停电处理，通知维修单位及时处理。

6. 真空断路器灭弧室内有异常时的处理

真空断路器跳闸，真空泡破损，或检查断路器仍有电流指示，应穿绝缘鞋并戴好绝缘手套至现场检查设备真空确已损坏，汇报调度，拉开断路器电源，将故障设备停电后方允许将故障设备停电退出运行。不允许直接拖出故障断路器手车。

7. 弹簧操动机构异常处理（发“弹簧未储能”信号时的处理）

（1）弹簧操动机构发“弹簧未储能”信号时，值班人员应迅速去现场，检查交流回路是否有故障，电动机有故障时，应用手动将弹簧拉紧，交流电动机无故障而且弹簧已拉紧，应检查二次回路是否误发信。

（2）如果由于弹簧有故障不能恢复时，应向当值调度申请停电处理。

（三）断路器的分合闸操作

断路器的分合闸操作是电路通断的两个最主要的操作步骤。操作时一般应注意以下几点。

1. 断路器分闸

（1）操作之前，应先检查和考虑保护及二次装置的适应情况。例如，并列运行的线路解列后，另一回线路是否会过负荷，保护定值是否需要调整。

（2）断路器控制把手扭至分闸位置，瞬间分闸后，该断路器所控制的回路电流应降至零，绿灯亮，现场检查机构位置指示器指示在分闸位置。

2. 断路器合闸

（1）合闸操作之前，首先要检查该断路器已完备地（从冷备用）进入（在）热备用状态。它包括：断路器两侧隔离开关均已在合好后位置，断路器的各主、辅继电保护装置已按规定投入，合闸能源和操作控制能源都已投入，各位置信号指示正确。

（2）操作断路器控制把手注意用力要掌握适度。控制把手扭至合闸位置，观察仪表指示出现瞬间冲击（空短线路无此变化），待红灯亮后才可返回，不能返回过快致使断路器来不及合闸。

(3) 操作合闸后，检查断路器合闸回路电流表指针回零，并应对测量仪表和信号指示、机构位置进行实地检查。例如：电流表、功率表在回路带负荷情况时的指示，分、合闸位置指示器的指示等，从而做出操作结果良好的正确判断。

四、隔离开关的运行与维护

隔离开关在分位置时，触头间有符合规定要求的绝缘距离和明显的断开标志；在合位置时，能承载正常回路条件下的电流及在规定时间内异常条件（例如短路）下的电流的开关设备。

我们所说的隔离开关，一般指的是高压隔离开关，即额定电压在 1kV 及其以上的隔离开关，通常简称为隔离开关，是高压开关电器中使用最多的一种电器，它本身的工作原理及结构比较简单，但是由于使用量大，工作可靠性要求高，对变电站、电厂的安全运行的影响均较大。隔离开关的主要特点是无灭弧能力，只能在没有负荷电流的情况下分、合电路。隔离开关用于各级电压，用作改变电路连接或使线路或设备与电源隔离，它没有断流能力，只能用其他设备将线路断开后再进行操作。一般带有防止开关带负荷时误操作的联锁装置。

（一）隔离开关的作用、分类及特点

隔离开关可以在分闸后，建立可靠的绝缘间隙，将需要检修的设备或线路与电源用一个明显断开点隔开，以保证检修人员和设备的安全。还可以根据运行需要，换接线路。可用来分、合线路中的小电流，如套管、母线、连接头、短电缆的充电电流，开关均压电容的电容电流，双母线换接时的环流以及电压互感器的励磁电流等。隔离开关可以根据不同结构类型的具体情况，可用来分、合一定容量变压器的空载励磁电流。

隔离开关的作用是断开无负荷电流的电路，使所检修的设备与电源有明显的断开点，以保证检修人员的安全，隔离开关没有专门的灭弧装置不能切断负荷电流和短路电流，所以必须在电路中断路器断开的情况下才可以操作隔离开关。

高压隔离开关按其安装方式的不同，可分为户外高压隔离开关与户内高压隔离开关。户外高压隔离开关指能承受风、雨、雪、污秽、凝露、冰及浓霜等作用，适于安装在露台使用的高压隔离开关。按其绝缘支柱结构的不同可分为单柱式隔离开关、双柱式隔离开关、三柱式隔离开关。其中单柱式隔离开关在架空母线下面直接将垂直空间用作断口的电气绝缘，因此，具有的明显优点，就是节约占地面积，减少引接导线，同时分合闸状态特别清晰。

隔离开关具有以下几个特点：

(1) 在电气设备检修时，提供一个电气间隔，并且是一个明显可见的断开点，用以保障维护人员的人身安全。

(2) 隔离开关不能带负荷操作，不能带额定负荷或大负荷操作，不能分、合负荷电流和短路电流，但是有灭弧室的可以带小负荷及空载线路操作。

(3) 送电操作时，先合隔离开关，后合断路器或负荷类开关；断电操作时：先断开断路器或负荷类开关，后断开隔离开关。

(4) 选用时和其他的电气设备相同，其额定电压、额定电流、动稳定电流、热稳定电流等都必须符合使用场合的需要。

（二）隔离开关的操作

1. 一般规定隔离开关允许进行的操作

（1）正常时拉合电压互感器和避雷器。

（2）拉合 220kV 空载母线。

（3）拉合电网没有接地故障时的变压器中性点。

（4）拉合经开关或隔离开关闭合的旁路电流。

（5）户外垂直分合式三联隔离开关，拉合电压在 220kV 及以上励磁电流不超过 2A 的空载变压器和电容电流不超过 5A 的空载线路。

（6）10kV 户外三联隔离开关拉合不超过 15A 的负荷电流。

（7）10kV 隔离开关拉合不超过 70A 的环路均衡电流。

2. 隔离开关的操作顺序

（1）首先在操作隔离开关时，应先检查相应回路的断路器确实在断开位置，以防止带负荷拉、合隔离开关。

（2）线路停、送电时，必须按顺序拉、合隔离开关。停电操作时，必须先拉断路器，后拉线路侧隔离开关，再拉母线侧隔离开关。送电操作顺序与停电顺序相反。这是因为发生误操作时，按上述顺序可缩小事故范围，避免误操作使事故扩大到母线范围。

（3）操作中，如发现绝缘子严重破损、隔离开关传动杆严重损坏等严重缺陷时，不得进行操作。

（4）隔离开关操作时，应有值班人员在现场逐相检查其分、合闸位置、同期情况、触头接触深度等项目，确保隔离开关动作正确、位置正确。

（5）隔离开关一般应在主控室进行操作。当远控电气操作失灵时，可在现场就地进行手动或电动操作，但必须征得站长或技术负责人的许可，并在有现场监督的情况下才能进行。

（6）隔离开关、接地开关和断路器之间安装有防止误操作的电气、电磁和机械闭锁装置。倒闸操作时，一定要按顺序进行。如果闭锁装置失灵或隔离开关和接地开关不能正常操作时，必须严格按闭锁的要求条件检查相应的断路器、隔离开关位置状态，只有核对无误后，才能解除闭锁进行操作。

（三）隔离开关常见的故障

隔离开关常见的故障有：接触部分过热；瓷质绝缘损坏和闪络放电；拒绝分、合闸；误拉、合隔离开关。

隔离开关在运行中过热，主要是负荷过重、接触电阻增大、操作时没有完全合好引起的。接触电阻增大的原因为刀片和刀嘴接触处斥力很大，刀口合得不严，造成表面氧化，使接触电阻增大。其次，隔离开关拉、合过程中会引起电弧，烧伤触头，使接触电阻增大。

判断隔离开关触头是否过热根据隔离开关接触部分变色漆或试温片颜色的变化来判断，也可根据刀片的颜色发暗程度来确定。现在一般根据红外线测温结果来确定。

1. 隔离开关触头、接点过热处理

发现隔离开关触头、接点过热时，首先汇报调度，设法减少或转移负荷，加强监视，然后根据不同接线进行处理。

（1）双母线接线。如果一母线侧隔离开关过热，通过倒母线，将过热的隔离开关退出运行，停电检修。

（2）单母线接线。必须降低其负荷，加强监视，并采取措施降温，如条件许可，尽可能停止使用。

（3）带有旁路断路器的可用旁路断路器倒换。

（4）如果是线路侧隔离开关过热，其处理方法与单母线处理方法基本相同，应尽快安排停电检修。维持运行期间，应减小负荷并加强监视。

（5）一个半断路器接线的可开环运行。

（6）对母线侧隔离开关过热的触头、接点，在拉开隔离开关后，经现场检查，满足带电作业安全距离的，可带电解掉母线侧引下线接头，然后进行处理。

2. 隔离开关电动操作失灵的检查处理

隔离开关电动操作失灵后，首先检查操作有无差错，然后检查操作电源回路、动力电源回路是否完好，熔断器是否熔断或松动。电气闭锁回路是否正常。

3. 隔离开关触头熔焊变形、绝缘子破损、严重放电

遇到这些情况应立即停电处理，在停电前应加强监视。

4. 隔离开关拒绝分、合闸处理

（1）由于轴销脱落、楔栓退出、铸铁断裂等机械故障，或因为电气回路故障，可能发生刀杆与操动机构脱节，从而引起隔离开关拒绝合闸，此时应用绝缘棒进行操作，或在保证人身安全的情况下，用扳手转动每相隔离开关的转轴。

（2）拒绝分闸。当隔离开关拉不开时，如系操动机构被冰冻结，可以轻轻摇动，并观察支持绝缘子和机构的各部分，以便根据何处发生变形和变位，找出障碍地点。如果障碍地点发生在隔离开关的接触部分，则不应强行拉开，否则支持绝缘子可能受破坏而引起严重事故，此时只能改变设备的运行方式加以处理。

5. 隔离开关合不到位的处理

隔离开关合不到位，多数是机构锈蚀、卡涩、检修调试未调好等原因引起的，发生这种情况，可拉开隔离开关再合闸。对220kV隔离开关，可用绝缘棒推入，必要时应申请停电处理。高压隔离开关应每2年检修1～2次。

第二节　互感器的运行与维护

一、电流互感器的运行与维护

为了保证电力系统安全经济运行，必须对电力设备的运行情况进行监视和测量。但一般的测量和保护装置不能直接接入一次高压设备，而需要将一次系统的大电流按比例变换成小电流，供给测量仪表和保护装置使用。在测量交变电流的大电流时，为便于二次仪表测量，需要转换为比较统一的电流（我国规定电流互感器的二次额定为5A或1A），另外线路上的电压都比较高如直接测量是非常危险的，电流互感器就起到变流和电气隔离作用。电流互感器电力系统中测量仪表、继电保护等二次设备获取电气一次回路电流信息的传感器，电流互感器将高电流按比例转换成低电流，电流互感器一次侧接在一次系统，二次侧接测量仪表、继电保护装置等。

电流互感器分为测量用电流互感器和保护用电流互感器。测量用电流互感器的作用是用来计量（计费）和测量运行设备的电流，保护用电流互感器主要与继电保护装置配合，在线路发生短路过载等故障时，向继电保护装置提供信号切断故障电路，以保护供电系统的安全。

正常工作时互感器二次侧处于近似短路状态，输出电压很低。在运行中如果二次绕组开路或一次绕组流过异常电流（如雷电流、谐振过电流、电容充电电流、电感启动电流等），都会在二次侧产生数千伏甚至上万伏的过电压。这不仅给二次系统绝缘造成危害，还会使互感器过激而烧损，甚至危及运行人员的生命安全。

（一）电流互感器工作原理

1. 普通电流互感器结构原理

电流互感器的结构较为简单，由相互绝缘的一次绕组、二次绕组、铁芯以及构架、壳体、接线端子等组成。其工作原理与变压器基本相同，一次绕组的匝数（N_1）较少，直接串联于电源线路中，一次负荷电流 I_1 通过一次绕组时，产生的交变磁通感应产生按比例减小的二次电流 I_2；二次绕组的匝数（N_2）较多，与仪表、继电器、变送器等电流线圈的二次负荷（Z）串联形成闭合回路，如图 5-1 所示。

电流互感器实际运行中负荷阻抗很小，二次绕组接近于短路状态，相当于一个短路运行的变压器。

2. 穿心式电流互感器结构原理

穿心式电流互感器其本身结构不设一次绕组，载流（负荷电流）导线由 L_1 至 L_2 穿过由硅钢片擀卷制成的圆形（或其他形状）铁芯起一次绕组作用。二次绕组直接均匀地缠绕在圆形铁芯上，与仪表、继电器、变送器等电流线圈的二次负荷串联形成闭合回路，如图 5-2 所示。

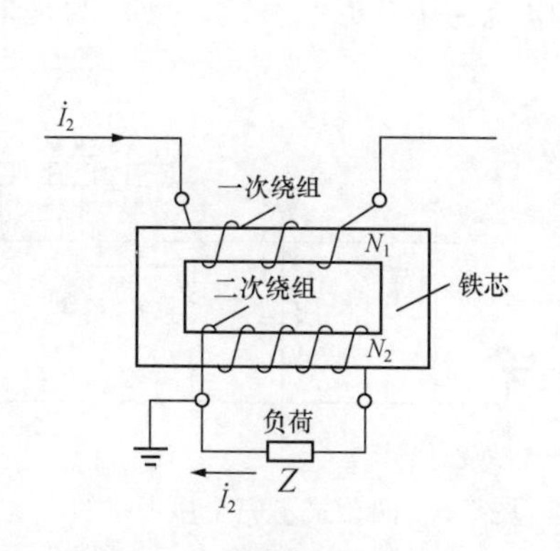

图 5-1　普通电流互感器结构原理图

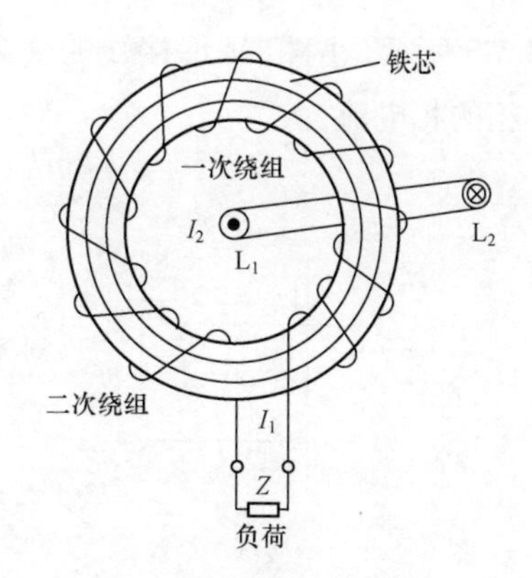

图 5-2　穿心式电流互感器结构原理图

由于穿心式电流互感器不设一次绕组，其变比根据一次绕组穿过互感器铁芯中的匝数确定，穿心匝数越多，变比越小；反之，穿心匝数越少，变比越大。

（二）电流互感器接线方式

电流互感器在交流回路中使用，交流回路中电流的方向随时间在改变。电流互感器的极性指的是某一时刻一次侧极性与二次侧某一端极性相同，即同时为正或同时为负，称此极性为同极性端或同名端，用符号“＊”“－”或“.”表示（也可理解为一次电流与二次电流的方向关系）。按照规定，电流互感器一次线圈首端标为 L_1，尾端标为 L_2；二次线圈的首端标为 K_1，尾端标为 K_2。在接线中 L_1 和 K_1 称为同极性端，L_2 和 K_2 也为同极性端。其三种标注方法如图 5-3 所示。电流互感器同极性端的判别与耦合线圈的极性判别相同。较简单的方法例如用 1.5V 干电池接一次线圈，用一高内阻、大量程的直流电压表接二次线圈，当开关闭合时，如果发现电压表指针正向偏转，可判定 1 和 2 是同极性端，当开关闭合时，如果发现电压表指针反向偏转，可判定 1 和 2 不是同极性端。

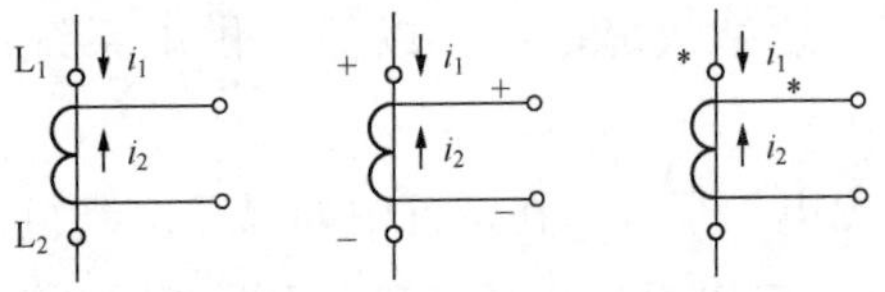

图 5-3　电流互感器的三种标注方法

1. 一相接线

一相式电流保护的电流互感器主要用于测量对称三相负载或相负荷平衡度小的三相装置中的一相电流，如图 5-4 所示。电流互感器的接线与极性的关系不大，但需注意的是二次侧要有保护接地，防止一次侧发生过电流现象时，电流互感器被击穿，烧坏二次侧仪表、继电设备。但是严禁多点接地。两点接地二次电流在继电器前形成分路，会造成继电器拒动。因此在 GB/T 14285—2006《继电保护和安全自动装置技术规程》中规定对于有几组电流互感器连接在一起的保护装置，则应在保护屏上经端子排接地。如变压器的差动保护，并且几组电流互感器组合后只有一个独立的接地点。

2. 两相式不完全星形接线（两相 V 接）

两相式不完全星形接线用于三相负荷平衡和不平衡的三相系统中。在中性点不接地的三相三线制电路中（如 6～10kV 高压电路），广泛用于测量三相电流、电能及做过流继电保护之用。如图 5-5 所示，两相 V 形接线的公共线上电流为 $I_a+I_c=-I_b$，反映的是未接入电流互感器那一相的相电流。

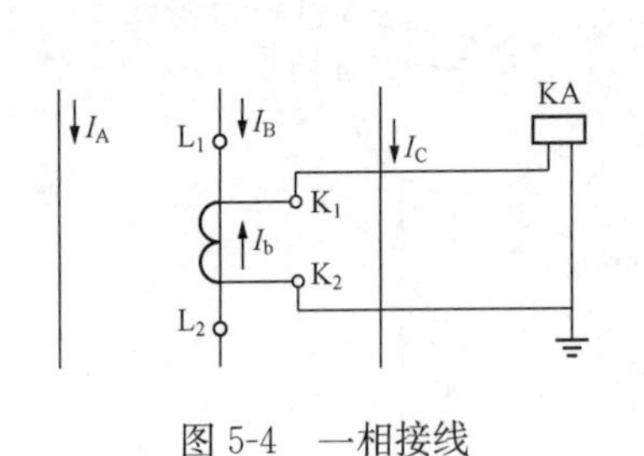

图 5-4　一相接线

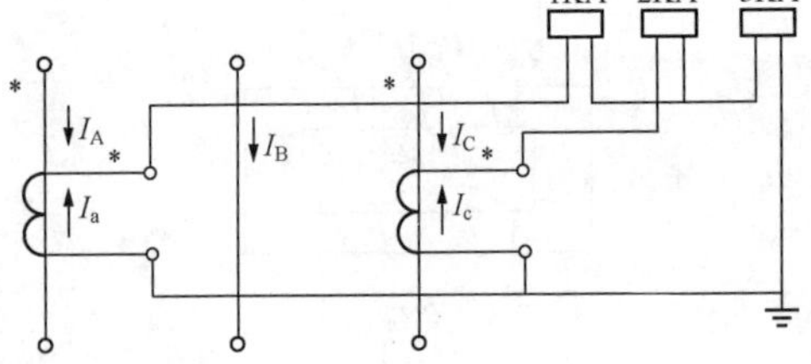

图 5-5　两相式不完全星形接线

3. 三相完全星形接线

三相完全星形接线如图 5-6 所示。用于相负荷平衡度大的三相负荷的电流测量以及电压为 380/220V 的三相四线制测量仪表，监视每相负荷不对称情况，若任一相极性接反，流过中性线的电流将增大。若缺少中性零线的星形连接，其缺陷是在运行中当负荷不平衡时，将造成二次侧中性点位移，三相完全星形接线使流过继电器的电流不能正确反映出该相电流的大小，同样会造成误动。

4. 继电保护用的电流互感器接线

继电保护用的电流互感器接线，通常是用于中性点直接接地的电力系统中的保护装置时，采用完全星形接线。在中性点非直接接地的电力系统中，由于允许短时间单相接地运行，并且大多数情况下都装设有单相接地信号装置，所以广泛采用不完全星形接线方式。保护用电流互感器的三角形接线应用于Y/△接线的变压器差动保护。

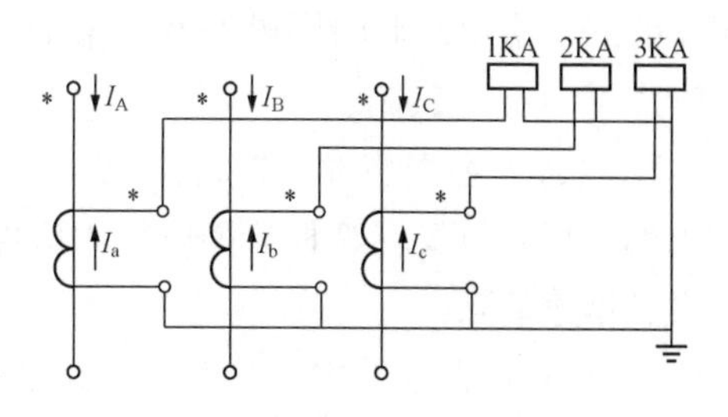

图 5-6 三相完全星形接线

（三）电流互感器使用中的注意事项

（1）流互感器的接线应遵守串联原则，即一次绕阻应与被测电路串联，而二次绕阻则与所有仪表负载串联。

（2）按被测电流大小选择合适的电流互感器，否则误差将增大。同时，二次侧一端必须接地，以防绝缘损坏时，一次侧高压窜入二次低压侧，造成人身和设备事故。

（3）二次侧绝对不允许开路。如果二次侧开路，一次侧电流 I_1 全部成为磁化电流引起 ϕ_m 和 E_2 骤增，造成铁芯过度饱和磁化，发热严重乃至烧毁线圈。同时，磁路过度饱和磁化后，使误差增大。电流互感器在正常工作时，二次侧近似于短路。若突然使其开路，则励磁电动势由数值很小的值骤变为很大的值，铁芯中的磁通呈现严重饱和的平顶波，因此二次侧绕组将在磁通过零时感应出很高的尖顶波，其值可达到数千甚至上万伏，危及工作人员的安全及仪表的绝缘性能。另外，二次侧开路使 E_2 达几百伏，一旦触及将会造成触电事故。因此，电流互感器二次侧设有短路开关，若需要将二次侧连接的设备退出运行时，可先将该开关合上，确保电流互感器二次侧在短路状态，将设备退出运行后，再将开关拉开。

（4）为了满足测量仪表、继电保护、断路器失灵判断和故障录波等装置的需要，在发电机、变压器、出线、母线分段断路器、母联断路器、旁路断路器等回路中均设具有 2～8 个二次绕阻的电流互感器。对于大电流接地系统一般按三相配置，对于小电流接地系统，依具体要求按二相或三相配置。

（5）对于保护用电流互感器的装设地点，应按尽量消除主保护装置的无保护区来设置。例如若有两组电流互感器，且位置允许时应设在断路器两侧，使断路器处于交叉保护范围之中。

（6）为了防止支柱式电流互感器套管闪络造成母线故障，电流互感器通常布置在断路器的出线或变压器侧。

（7）为了减轻发电机内部故障时的损伤，用于自动调节励磁装置的电流互感器应布置在发电机定子绕组的出线侧。为了便于分析和在发电机并入系统前发现内部故障，用于测量仪表的电流互感器宜装在发电机中性点侧。

（四）电流互感器异常及事故处理

由于电流互感器在正常运行中，二次回路接近于短路状态，一般认为无声，电流互感器故障时常伴有声音及其他现象发生。当二次回路突然开路时，在二次线圈产生很高的感应电势，其峰值可达几千伏以上，危及在二次回路上工作人员生命和设备安全，而且高压可能电弧起火。同时，由于铁芯里磁通急剧增加，达高度饱和状态。铁芯损耗发热严重，可能损坏流变的二次绕组。此时因磁通密度增加引起非正弦波使硅钢片振动极不均匀，从而发生较大的噪声。

1. 电流互感器在开路时的处理

如运行人员发现这种故障以后，应保持负荷不变，停用可能误动的保护装置，并通知有关人员迅速消除。

2. 电流互感器二次回路断线、开路的处理

(1) 异常现象：电流表指示降为零，有功功率、无功功率表的指示降低或有摆动，电能表转慢或停转。差动断线光字牌示警。电流互感器发出异常响声或发热、冒烟或二次端子线头放电、打火等继电保护装置拒动或误动，此现象只在断路器发生误跳闸或拒跳闸引起越级跳闸后检查故障时发现。

(2) 异常处理：①立即将故障现象报告所属调度；②根据现象判断是属于测量回路还是保护回路的电流互感器开路，处理前应考虑停用可能引起误动的保护；③凡检查电流互感器二次回路的工作，须站在绝缘垫上，注意人身安全，使用合格的绝缘工具进行；④电流互感器二次回路开路引起着火时，应先切断电源，后可用干燥石棉布或干式灭火器进行灭火。

3. 电流互感器本体故障处理

电流互感器故障有下列情况之一时，应立即停电处理。

(1) 内部发出异音、过热并伴有冒烟及焦臭味。

(2) 严重漏油瓷质损坏或有放电现象。

(3) 喷油着火或流胶现象。

(4) 金属膨胀器的伸长明显超过环境温度时的规定值。

二、电压互感器的运行和维护

(一) 电压互感器的作用和工作原理

电压互感器的作用是把高电压按比例关系变换成100V或更低等级的标准二次电压，供保护、计量、仪表装置使用。同时，使用电压互感器可以将高电压与电气工作人员隔离。电压互感器虽然也是按照电磁感应原理工作的设备，但它的电磁结构关系与电流互感器相比正好相反。电压互感器二次回路是高阻抗回路，二次电流的大小由回路的阻抗决定。当二次负载阻抗减小时，二次电流增大，使得一次电流自动增大一个分量来满足一、二次侧之间的电磁平衡关系。可以说，电压互感器是一个被限定结构和使用形式的特殊变压器，简单地说就是“检测元件”。

电压互感器的工作原理与变压器相同，基本结构也是由铁芯和一次绕组、二次绕组组成。特点是容量很小且比较恒定，正常运行时接近于空载状态。电压互感器本身的阻抗很小，一旦二次侧发生短路，电流将急剧增长而烧毁线圈。为此，电压互感器的一次侧接有熔断器，二次侧可靠接地，以避免一次侧、二次侧绝缘损毁时，二次侧出现对地高电位而造成人身和设备事故。测量用电压互感器一般都做成单相双线圈结构，其一次侧电压为被测电压(如电力系统的线电压)，可以单相使用，也可以用两台接成V－V形作三相使用。实验室用的电压互感器往往是一次侧多抽头的，以适应测量不同电压的需要。供保护接地用电压互感器还带有一个第三线圈，称三线圈电压互感器。三相的第三线圈接成开口三角形，开口三角形的两引出端与接地保护继电器的电压线圈连接。

正常运行时，电力系统的三相电压对称，第三线圈上的三相感应电动势之和为零。一旦发生单相接地时，中性点出现位移，开口三角的端子间就会出现零序电压使继电器动作，从而对电力系统起保护作用。

线圈出现零序电压则相应的铁芯中就会出现零序磁通。为此，这种三相电压互感器采用旁轭式铁芯（10kV 及以下时）或采用三台单相电压互感器。对于这种互感器，第三线圈的准确度要求不高，但要求有一定的过励磁特性（即当一次电压增加时，铁芯中的磁通密度也增加相应倍数而不会损坏）。

（二）电压互感器的接线方式

电压互感器在三相电路中常用的接线方式有四种。分别是：

（1）一个单相电压互感器的接线，这种接线方式在三相线路上，只能测量某两相之间的线电压，用于连接电压表、频率表及电压继电器等，如图 5-7 所示。

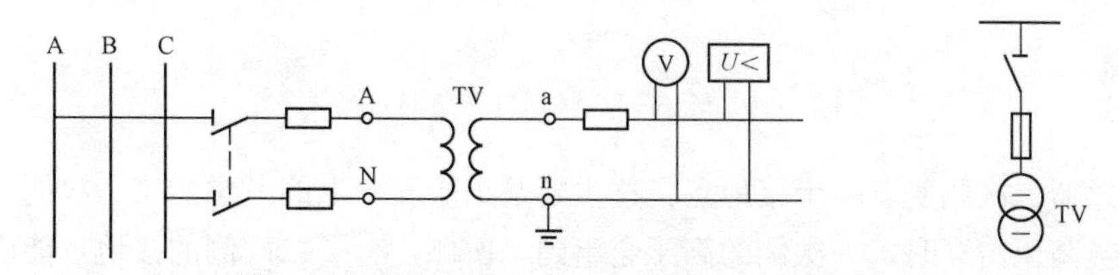

图 5-7　一个单相电压互感器的接线

（2）两个单相电压互感器的 V/V 形接线，可测量相间线电压，但不能测相电压，可以用来测量三个线电压，供仪表、继电器接于三相三线制电路的各个线电压，如图 5-8 所示。

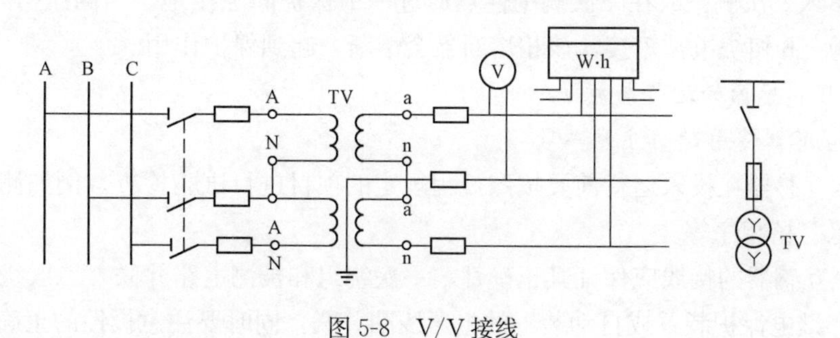

图 5-8　V/V 接线

（3）三个单相电压互感器接成 Y_0/Y_0形，可供给要求测量线电压的仪表和继电器，以及要求供给相电压的绝缘监察电压表，如图 5-9 所示。

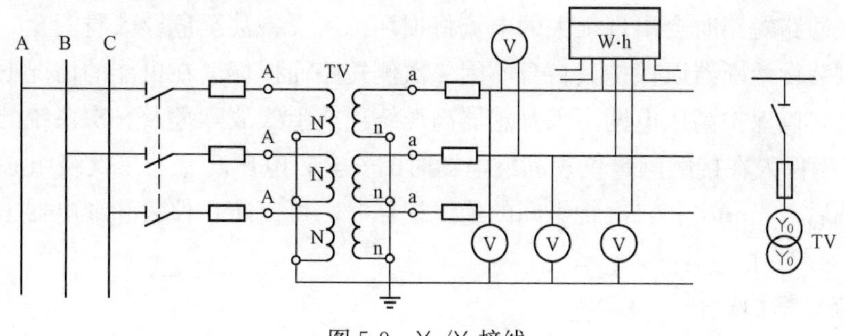

图 5-9　Y_0/Y_0接线

(4) 一台三相五芯柱电压互感器接成 $Y_0/Y_0/\triangle$（开口三角形），接成 Y_0 形的二次线圈供电给仪表、继电器及绝缘监察电压表等，如图 5-10 所示。辅助二次线圈接成开口三角形，供电给绝缘监察电压继电器。当三相系统正常工作时，三相电压平衡，开口三角形两端电压为零。当某一相接地时，开口三角形两端出现零序电压，使绝缘监察电压继电器动作，发出信号。

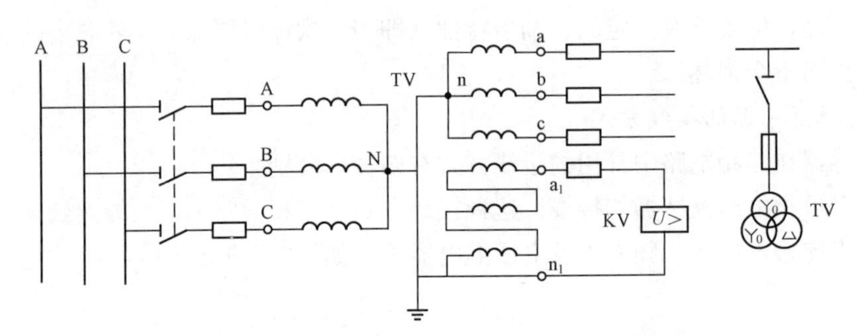

图 5-10　$Y_0/Y_0/\triangle$（开口三角形）接线

电压互感器二次侧要有一个接地点，这主要是出于安全上的考虑。当一次侧、二次侧绕组间的绝缘被高压击穿时，一次侧的高压会窜到二次侧，有了二次侧的接地，能确保人员和设备的安全。另外，通过接地，可以给绝缘监视装置提供相电压。二次侧的接地方式通常有中性点接地和 B 相接地两种。

采用 B 相接地时，中性点不能再直接接地。为了避免一次、二次绕组间绝缘击穿后，一次侧高压窜入二次侧，故在二次侧中性点通过一个保护间隙接地。当高压窜入二次侧时，间隙击穿接地，b 相绕组被短接，该相熔断器会熔断，起到保护作用。

（三）电压互感器的运行与维护

1. 电压互感器使用时的注意事项

(1) 电压互感器在投入运行前要按照规程规定的项目进行试验检查。例如测极性、连接组别、摇绝缘、核相序等。

(2) 电压互感器的接线应保证其正确性，一次绕组和被测电路并联，二次绕组应和所接的测量仪表、继电保护装置或自动装置的电压线圈并联，同时要注意极性的正确性。

(3) 接在电压互感器二次侧负荷的容量应合适，接在电压互感器二次侧的负荷不应超过其额定容量，否则，会使互感器的误差增大，难以达到测量的正确性。

(4) 电压互感器二次侧不允许短路。由于电压互感器内阻抗很小而二次侧所接负载阻抗较大，若二次回路短路时会出现很大的电流将损坏二次设备甚至危及人身安全。电压互感器可以在二次侧装设熔断器以保护其自身不因二次侧短路而损坏。在可能的情况下，一次侧也应装设熔断器，以保护高压电网不因互感器高压绕组或引线故障危及一次系统的安全。

(5) 为了确保人在接触测量仪表和继电器时的安全，电压互感器二次绕组必须有一点接地。因为接地后，当一次和二次绕组间的绝缘损坏时，可以防止仪表和继电器出现高电压危及人身安全。

2. 电压互感器的巡视

(1) 正常巡视。

1）设备外观完整，无裂纹及放电现象。

2）一、二次引线接触良好，接头无过热，各连接引线无发热、变色现象。

3）外绝缘表面清洁，无裂纹及放电现象。

4）金属部位无锈蚀，底座、支架牢固，无倾斜变形。

5）构架、遮栏、器身外涂漆层清洁，无爆皮掉漆。

6）电压互感器油位正常。

7）无异常声音及异味。

8）端子箱熔断器和二次空气开关正常。

9）电压互感器油位各部位接地可靠。

(2) 下列情况需要特殊巡视。

1）在高温、大负荷运行前。

2）大风、雾天、冰雪、冰雹及雷雨后。

3）设备变动后。

4）设备新投入运行后。

5）设备经过检修、改造或长期停运后重新投入运行后。

6）异常情况下的巡视，主要是指设备发热、系统冲击、内部有异常声音等。

7）设备缺陷近期有发展时、法定节假日、上级通知有重要供电任务时。

特殊巡视时除正常巡视项目外，应注意的情况还有在大负荷期间用红外测温设备检查互感器内部、引线接头发热情况。大风扬尘、雾天、雨天外绝缘有无闪络、损伤。

3. 电压互感器的维护

(1) 电压互感器外壳每年至少清扫一次。

(2) 每季度应检查一次端子箱内有无异常，二次小开关或熔断器有无异常跳闸或熔断现象。

(3) 运行维护工作由运行人员负责并按有关规定与专责一同进行。

(4) 电压互感器端子箱内的加热器检查，并按温度投退。

4. 电压互感器操作注意事项

(1) 送电时必须先合一次侧后合二次侧，停电时先停二次侧后停一次侧。以防止反送电危及设备安全。

(2) 停用电压互感器或取下二次熔断器，拉开空气小开关前应考虑所连接的继电保护、自动装置及计量仪表运行情况，做好防误动、电压互感器反送电措施以及计量装置底数记录。

(3) 更换互感器、二次电缆或改变互感器二次回路接线后，未经定相，不得将互感器投入运行。

(4) 进行二次回路的工作时，须经调度同意，同时应注意，工作若涉及保护回路，应向调度申请将有关保护压板退出，必要时停用有关保护装置。互感器接临时负载时，应充分考虑互感器的负载能力是否满足要求，必须装有专用的隔离开关和熔断器。

(5) 尽量不要在母线或线路运行时使电压互感器退出运行。

(6) 禁止用隔离开关拉开有故障的电压互感器。发现电压互感器内部有异常声音时，值班人员应立即断开二次空气开关，取下低压熔断器，然后申请对一次侧进行停电。

（四）电压互感器异常处理

电压互感器常见异常运行及故障主要有：本体过热，内部声音不正常或有放电声，内部发出焦臭味，互感器二次侧小空开连续跳开，铁芯谐振，电容式电压互感器二次输出电压波动，互感器二次侧短路，二次回路断线，一次侧熔断器熔断，电容式电压互感器内部电容击穿，预防性试验不合格等。

1. 电压互感器故障处理原则

（1）立即汇报值长，属于调度管辖的应汇报调度申请停电处理。

（2）隔离故障电压互感器。

（3）应将可能误动的保护停用（如距离保护、过电压保护、欠电压保护）。

（4）电压互感器着火，切断电源后，用干粉、1211灭火器灭火。

2. 电压互感器立即停用的情况

（1）电压互感器一次侧熔断器连续熔断。

（2）电压互感器发热温度过高（当电压互感器发生层间短路或接地时，熔断器可能不熔断，造成电压互感器发热，甚至冒烟起火）。

（3）电压互感器内部有“噼啪”声（可能是电压互感器内部短路、接地或夹紧螺钉未上紧所致）。

（4）电压互感器内部出现焦臭或冒烟。

3. 电压互感器二次电压回路失压

电压互感器二次电压回路失压现象：后台监控机发出该电压回路断线信号，警铃报警，对应的线电压数据消失或无指示，有功、无功数据降低或为零。处理方法如下。

（1）汇报调度，按调度命令退出与该电压互感器二次电压有关的保护压板。如在电压互感器二次回路尚有作业人员，应立即停止其工作，并检查作现场是否异常，切换电压切换把手，检查电压有无变化。关闭警报，检查记录监控后台机所发出的信号名称，各种数据的数值，并向调度汇报。

（2）检查电压互感器有无异声、异状，检查二次空气开关是否跳开，如跳开则重新合上空气开关。

（3）如果二次侧均正常，则应根据当时现象，判断高压熔断器是否熔断，必要时可停用电压互感器，做好安全措施后检查和更换高压熔断器。

4. 互感器本体故障

互感器本体故障现象：互感器内部有放电声及不正常噪声或油面不断上升，油色变黑，油标处向外溢油，接地信号动作，二次电压一相或两相为零，其他两相或一相电压升高。处理方法如下。

（1）应马上将设备故障情况向调度汇报，申请停电，汇报电站领导和专责工程师。

（2）当35kV电压互感器故障，高压熔断器三相熔断时，可以直接拉开互感器隔离开关。220kV、500kV电压互感器故障需向调度申请，进行倒闸操作。

（3）若故障互感器起火爆炸或有强烈异声发生，应先断开电源然后向调度汇报并同时做好安全措施，再用干式灭火器或沙灭火。

5. 电压互感器的保护措施

电压互感器一次侧熔断器的作用是保护其本身。当电压互感器本身故障时熔断器迅速熔断，防止事故扩大。防止高压电网受互感器本身及二次引线故障影响。

电压互感器二次侧熔断器或小空气开关的作用是当其二次侧绕组或所接二次引线故障时断开，保证电压互感器不受损坏且不造成保护误动作；当互感器二次侧短路时迅速断开，保护互感器及二次负载不受损害。

60kV 及以下系统，一次侧一般经过隔离开关和熔断器接入电网。110kV 及以上系统，一次侧则一般只经过隔离开关或直接并联在线路上。

110kV 的电压互感器一次侧不装设熔断器的原因是因为 110kV 及以上系统一般采用中性点直接接地，当发生接地故障时，瞬时跳闸不存在过电压运行。考虑到该系统灭弧问题较大，熔断器断流容量亦很难满足要求。电压互感器多采用单向串级式，绝缘强度高，发生事故的可能性低。

6. 电压互感器一次侧熔断器熔断的原因

（1）互感器内部线圈发生匝间、层间或相间短路及一相接地故障。

（2）电压互感器一次侧、二次侧回路故障，造成电压互感器过电流。

（3）中性点接地系统中发生一相接地时，其他两项电压升高 $\sqrt{3}$ 倍或间歇性电弧接地产生的过电压使电压互感器铁芯饱和电流增加到使熔断器熔断。

（4）系统发生铁磁谐振。在中性点不接地系统中，由于发生单相接地或用户电压互感器数量增加，使母线或线路的电容与电压互感器的电感构成 LC 震荡回路，引起谐振，造成过压过流。

7. 电压互感器二次侧熔断器熔断的原因

（1）因人为原因引起的各种二次侧回路短路。

（2）保护及自动装置元件损坏，引起电压二次回路短路。

（3）二次回路受潮、腐蚀及损伤而发生一相接地及两相短路引起的大电流。

（4）电压互感器内部存在着金属性短路，也会造成电压互感器二次回路短路。电压互感器熔断器熔断时，应立即进行更换。若再次熔断，则不应更换，待查明原因后再做处理，此时严禁将电压互感器投入运行。

8. 电压互感器二次回路短路保护

（1）设置二次回路短路保护的原因。电磁式电压互感器实际上是一个小型的降压变压器，二次负载对一次侧电压无影响，故一次侧相当于接了一个恒压源，且电压互感器二次负载阻抗很大，所以正常情况下，二次电流很小。而当二次侧短路时，因为电压不变，阻抗减小所以将产生极大的电流，这个电流将损坏二次绕组，危及二次设备和人身安全，所以我们需要在电压互感器二次侧设置短路保护。

（2）电压互感器二次回路短路保护设备使用熔断器用于二次回路短路时，相应的保护装置不会误动作，故适用于对断开时间要求不严格的情况。小空气开关用于二次回路短路时，相应的保护装置可能误动作，适用于对断开时间要求比较严格的情况。

第六章

水轮发电机组的运行与维护

第一节　水轮发电机组的巡回检查

一、备用机组的要求

备用中的水轮发电机组应与运行中的同等对待，备用机组应能随时启动运行。正常备用的机组应具备下列条件：

（1）进水闸门和尾水闸门应提至全开。

（2）导叶全关、轴流转浆式水轮机转轮叶片在空载位置。

（3）水轮机保护与PLC工作正常，保护压板位置正确，机组备用状态灯亮。

（4）现地监控系统工作正常，所有设备无故障警报光示牌。

（5）压油装置油压、油位正常，二台压油泵放投入位置，自动、备用状态正常。

（6）漏油泵在自动，出口阀全开。

（7）各部轴承油位、油色、油温应符合规定。

（8）技术供水系统正常，各阀门位置正确，自动滤水器工作正常。

（9）消火水系统工作正常。

（10）各动力电源交流断路器、隔离开关在投入状态，机组操作直流电源正常。

（11）机旁盘各表计及信号灯指示正确。

（12）调速系统工作正常，调速器在自动，事故电磁阀在复位状态，调速器无故障。

（13）制动系统正常，风闸位置正确，风压在合格范围内。风压一般不得低于0.4MPa。

（14）如果机组安装高程低于尾水位则机组检修密封围带在投入状态。

（15）顶盖排水泵应投自动位置。

机组在备用状态时，未经网调允许，不得进行任何影响机组开机、运行的作业。备用机组应视同运行机组进行巡视检查，特别注意各部轴承油位应符合规定，油温不低于10℃。机组停机备用时，备用机组发生潜动时应及时查找潜动原因，立即采取有效措施，并汇报值长。

二、运行机组的要求

（一）运行机组的一般要求

在正常停机过程中，电制动系统发生故障机械制动不能加闸时，应采取措施，将机组开启继续运行，待制动系统恢复后再行停机。机组事故停机时，电制动系统发生故障机械制动不能加闸时，允许滑翔停机。

当机组发生高转速加闸后，应联系维护人员对风闸、制动环进行全面检查，无异常后方可投入运行，同时对高转速加闸原因进行查找、处理，汇报有关领导。

机组运行中各部轴承温度或油温较长期运行稳定温度升高2～3℃时，应检查油与冷却水系统的工作情况，同时检查机组状态监测的摆度，发现异常及时查明原因进行处理并通知维护人员，汇报有关领导。

当机组各部轴承油槽油面比正常升高或降低2～3mm时，应加强监视及时查找原因，通知维护人员，汇报有关领导。

值班人员每次巡回设备时应注意检查备用机组大轴是否潜动，尤其是高水位时期更应注意。

机组停机备用超过规程中规定天数或推力油槽排油，在启动前必须顶转子一次。

机组PLC主机模块上的开关禁止随意拨动，一定看准PLC盘内的按钮位置之后再进行操作，防止发生误操作。

若发电机长时间停机，必须检查发电机电加热器自动启停良好，以防发电机内部潮湿。

当机组采用混合制动方式时，机组转速下降到50%额定转速时，电气制动投入；机组转速下降到10%额定转速时，机械制动投入。当机械制动单独使用时，机组转速下降到30%额定转速时，机械制动投入。

（二）机组定期维护工作

为了保证设备运行的安全可靠，水轮发电机组应按规定进行定期试验和切换维护工作，发现问题及时通知维护人员处理。定期工作一般每月进行两次（分别为月初和月中期），或每周进行一次，也可以根据需要进行。

机组运行或备用中，必须做好如下定期工作：

（1）每隔半个月，一般安排在每月1日和16日，机组主轴密封水滤过器手动清扫一次。

（2）每隔半个月，做主轴密封水轴承备用水投入试验。

（3）每隔半个月，备用机组做主、备技术供水滤过器手动清扫一次。

（4）每周擦拭运行机组的滑环一次。

（5）每周测运行机组摆度一次。

（三）机组技术供水滤过器运行中的维护

机组的滤水器一般为自动滤水器，其运行中的维护一般应注意以下几点：

（1）自动滤水器正常运行中其排污阀在关闭位置，只有在清扫过程中排污阀才开，每次清扫时间为不大于3min（出厂时给定值）。

（2）自动滤水器控制箱面板指示灯：红灯为电源指示灯，控制箱内电源投入时亮；绿灯为冲洗指示灯，滤水器进行冲洗/排污时亮；黄灯为故障指示灯，当滤水器压差过高、蝶阀过力矩或减速机故障时亮。

（3）自动滤水器的工作方式以手动清洗/排污方式为主，按动“手冲”按钮，滤水器在不停止供水情况下完成一次清洗/排污。

（4）滤水器运行中若电源指示红灯灭时，应检查滤水器电源开关是否动作OFF位置，或二次熔断器是否熔断。

（5）当滤水器故障指示黄灯亮时，应先使滤水器停止工作，再联系维护人员查找原因进行处理。

（四）不间断交流电源 UPS 正常维护

UPS 所带负荷为主机 PLC 和辅机 PLC 电源，PLC 是机组的水机保护和控制的重要设备，无论机组是在运行时还是备用时，其失去电源都将影响机组的安全，因此配有 UPS 电源。

UPS 运行中的注意事项如下：

（1）UPS 电源主开关不能当作 PLC 系统的总开关使用。

（2）UPS 不能长时间向 PLC 单独供电，单独作为 PLC 工作电源时，应严格监视 UPS 各指示灯，大概可供电 30min（负荷 300W，供电电流 3A 左右）。

（3）UPS 启停要有一定的间隔时间。

（4）机组大、小修时，只有在主机和辅机 PLC 均停电后，方可将 UPS 退出，其他任何情况不准退出运行。当 UPS 及主机、辅机 PLC 未停电检修作业时，应提示工作负责人主机 PLC、辅机 PLC、UPS 及相关的负荷带电或根据检修要求做相应的安全措施。

三、机组启动及运行中的监视

机组在手动开机启动过程中注意监视导叶、叶片开度与机组转速上升情况，启动后应进行全面检查，检查各部水压、油压、油位、温度是否正常，辨别机组振动、回转声音是否正常。

（一）机组检修后第一次开机过程中的监视

（1）监视机组转速上升正常，PLC 调速器调节正常。

（2）监视机组转动部分和静止部分无撞击声。

（3）监视机组状态监测装置测量的振动和摆度是否正常。

（4）监视机组轴电流是否正常。

（5）监视水轮发电机组各部声音正常。

（6）监视各轴承润滑及冷却系统工作正常。

（7）监视机组各部轴承油位、油色、油温、瓦温正常。

（8）监视机组制动系统处于正常工作状态。

（9）监视机旁盘各仪表、现地监控系统画面显示正常。

（10）监视机组各部水压正常。

（11）监视水轮机水导、止水轴承和顶盖排水情况正常。

（12）监视机组操作电源和故障警报信号正常。

（13）监视调速器系统各部工作正常。

（14）监视油压装置和油系统工作正常。

（15）监视各部轴承油位正常。

（16）监视机组转动部分无异常。

（17）监视制动系统动作、复位正常。

（18）监视机组冷却水和主轴密封水系统复归正常。

（19）监视导叶、叶片全关，剪断销未剪断。

(20) 监视机旁盘各仪表、现地监控微机画面显示正常。

(二) 运行中的巡回检查

机组遇有下列情况应增加巡回次数：

(1) 机组检修后第一次投入运行和新设备投入运行。

(2) 机组遇事故冲击和事故处理后投入运行。

(3) 机组存在较大的设备缺陷尚未消除。

(4) 机组超额定功率运行。

(5) 机组在振动区运行或做有关试验时。

(6) 遇有天气异常变化时。

(7) 高水位大发电期间。

(三) 水轮发电机组运行中的巡回检查项目

1. 发电机部分巡回检查项目

(1) 检查受油器（轴流转浆式水轮机）铜瓦无异音，回油量不过大，排油通畅。

(2) 检查推力轴承及上导轴承的油位、油色正常，且无异音，油槽无渗油与甩油现象。

(3) 检查集电环、电刷、保持器、刷架等处清洁无油垢，无碳粉过多的现象。

(4) 检查集电环周围无杂物。

(5) 检查发电机和上机架无异常振动，推力及上导轴承运行无异声。

(6) 检查风洞内无异常气味及烟火。

(7) 检查各冷风器有无漏水情况，各冷风器温度是否均匀，其温差不过大，夏季时无结露现象，各冷风器的测温元件安放良好。

(8) 每前夜尖峰负荷时巡回发电机风洞一次。

(9) 检查消火系统各阀门位置正确，各阀门、管路和接头无漏水现象。

2. 机组制动盘巡回检查项目

(1) 检查风闸系统应符合运行系统要求，风源风压在0.58～0.7MPa。

(2) 检查制动系统各阀门位置正确，各部无漏气，电磁阀无断线。

(3) 检查各位置指示灯指示正确。

(4) 检查各机检修围带密封系统风源风压正常。

(5) 检查各机检修围带密封系统各阀门位置正确，各部无漏气，电磁阀无断线。

3. 机旁PLC盘、仪表盘巡回检查项目

(1) 检查PLC盘无故障、事故报警灯在灭。

(2) 检查PLC主机模块各指示灯显示状态正常。

(3) 检查PLC电源监视灯（绿色）正常在亮，故障时灭。

(4) 检查PLC控制器运行指示灯（绿色）正常在亮，故障时灭。

(5) 检查PLC备用电池监视指示灯（红色）正常在灭，电池电压过低时亮。

(6) 检查PLC网络通信接口灯（绿色）正常点亮并闪动。

(7) 检查PLC网络通信接口监视灯（绿色）启用时灯亮，停用时灯灭。

(8) 检查机组轴电流是否正常。

(9) 检查PLC盘内各种模块的地址灯应随机显示正确。

(10) 检查PLC盘的各种保护压板位置正确。

(11) 检查PLC盘内智能转速继电器工作正常。

(12) 检查PLC盘当地监视显示器工作正常，无死机现象。

(13) 检查各电源ZZK小开关切、合位置符合本机运行要求。

(14) 检查各表计指示正确。

(15) 检查现地监控画面中各轴承、油温、冷风、热风及线圈温度无异常升高。

(16) 检查UPS电源工作正常，各种显示正确。

4. 机组动力盘巡回检查项目

(1) 检查动力盘的电源电压表指示正常，且三相电压平衡。

(2) 检查动力盘上各动力电源开关合、切位置正确。

(3) 检查动力盘上各动力指示灯指示正确。

(4) 水轮机巡回检查项目。

(5) 检查接力器无异常串动、抽动现象。

(6) 检查接力器排油通畅，无积油现象。

(7) 调速环动作平稳，各传动机构动作正常。

(8) 检查调速环锁锭位置正确。

(9) 检查导叶剪断销无剪断现象，导叶轴承套筒不漏水。

(10) 检查顶盖水位不过高，顶盖排水泵能自动运行，运转声音正常。

(11) 检查真空破坏阀无漏水，机构良好，动作正常。

(12) 检查油、水、气管路各阀门位置正确，无三漏现象。

(13) 检查各电磁液压阀接线完好，动作时无跳动，无渗漏现象。

(14) 检查冷却水、主轴密封水水压合格。

(15) 检查自动滤水器工作正常，盘面指示灯指示正确。

(16) 检查滤水器前后压力正常，各部无漏水。

(17) 蜗壳、尾水管人孔无漏水。

(18) 蜗壳、尾水管盘形阀接力器无漏油，止水盘根无漏水。

(19) 检查尾水管内无剧烈振动和强烈噪声，无严重水击现象。

(20) 检查漏油槽油位正常，漏油泵电动机选择把手在“自动”位置，油泵及电动机运行正常。

第二节　水轮发电机的启动试运行

当水轮发电机安装完毕或大、小修结束时，应该进行启动试运行试验。

一、水轮发电机启动前的条件和注意事项

(一) 水轮发电机启动前的条件

(1) 所有检修工作已结束，所有工作票均已收回并办终结。

(2) 所有安装或检修各项目经组织验收合格，设备变更有关的图值、定值单等材料已送交运行人员。

(3) 启动前的各项试验均已模拟试验正常，如保护带开关、水机控制流程、调速器、励磁调节器等二次设备静特性试验及回路传动试验合格。

(4) 各项安全措施已拆除，恢复常设遮栏，具备启动条件，按总指挥令作启动前的检查，各部正常。

(5) 充水前应检查检修井、渗漏井排水泵运行正常。

(6) 检查启动机组有关照明系统良好，安全通道畅通无阻，通信畅通，灭火系统完备等。

(二) 水轮发电机启动前的注意事项

(1) 引水系统的检查。检查进水口工作闸门已安装或检修完毕，在无水情况下各项试验合格，启闭正常，工作闸门在全关状态；检查压力钢管、蜗壳、尾水管内部无杂物并已清理干净，蜗壳及尾水管所有检修工作全部结束，所有人员已全部撤离，尾水管和蜗壳进人孔已关闭；尾水、蜗壳放空阀已关闭无误；钢管排水阀在全关位置。

(2) 检查水轮机技术供水系统已恢复正常，水压调整正常。

(3) 检查水车室及顶盖清洁无杂物，顶盖射流泵工作正常，密封润滑水投入正常。

(4) 检查机组各轴承油槽油位、油色正常。

(5) 检查压油装置及漏油泵已恢复正常，各试验已合格，油位、油压正常，自动启、停正常。

(6) 检查调速器系统已恢复正常，启动前的各静态试验调试合格。

(7) 检查推力外循环油泵工作正常。

(8) 检查制动系统试验正常。

(9) 检查发电机风洞内无杂物。

(10) 上位机、现地 LCU 开停机模拟试验正常，开停机模拟试验正常，各测量显示正常。

二、启动操作注意事项

(一) 尾水充水平压试验

尾水充水平压时要注意检查水车室内检修密封是否漏水，检修密封排气后要检查工作密封漏水情况；检查顶盖排水情况，导叶套筒有无漏水；尾水管、蜗壳进人孔有无漏水。

其操作步骤如下：

(1) 投入机组制动及检修密封，必要时在水车室设置临时潜水泵。

(2) 打开尾水门上的充水阀进行充水；注意检查水车室内检修密封是否漏水，检修密封排气后检查工作密封漏水情况；检查顶盖排水情况，导叶套筒有无漏水；尾水管、蜗壳进人孔有无漏水；尾水管、蜗壳进人孔有无漏水。

(3) 检查尾水平压后无异常，提起尾水闸门并锁定。

(4) 将调速器置机手动，关闭导叶，手动按下紧急停电磁阀；投入接力器锁锭。

(二) 钢管充水试验

(1) 投入制动和检修密封；导叶全关，接力器锁锭投入，投入紧急停电磁阀。

(2) 检查进水口工作闸门全关位置。

(3) 提起进水口检修闸门。

（4）充水前设专人监视蜗壳压力和蜗壳进人孔漏水情况。

（5）提工作闸门至充水平压位置打开门上充水阀对蜗壳钢管充水，严密监视记录蜗壳压力上升情况和充水时间。

（6）充水过程中应注意检查蜗壳进人孔、伸缩节有无漏水；水车室顶盖、导叶轴套有无漏水，各部水压指示正常，测压管接头有无漏水。

（7）检查工作密封投入水压正常，退出检修密封，检查顶盖漏水、排水情况。

（8）静水中做机械转速140%模拟动作落进水口闸门正常。

（9）全面检查钢管充水正常，将进水口工作闸提至全开位置。

钢管充满水后要检查蜗壳进人孔、伸缩节有无漏水；水车室顶盖、导叶轴套有无漏水，各部水压指示是否正常，测压管接头有无漏水。

（三）水轮发电机组空转试验

空转试验要注意检查以下事项：检查机组各部运行情况；各轴承温升情况；水力测量系统表计及电气转速表是否正常；检查核实监控上位机与现地LCU数据采集处理情况及程序执行情况；检查调速器扰动，动态试验，手动、自动切换，采集处理情况，以及程序执行情况；检查双电源切换试验，掉电试验，导叶反馈断线试验，测频回路断线试验，以及机组手动、自动下摆度试验。

空转试验操作步骤如下：

（1）检查水轮发电机组各部已清理干净，各部人员已到位，振动摆度等测量仪器、仪表准备齐全。

（2）检查充水试验正常无留问题。

（3）检查各部冷却水、润滑水投入正常。润滑油系统、操作油系统工作正常。各油槽油位油色正常。

（4）检查高、低压气系统及渗漏井水泵自动运行正常。

（5）启动高压顶转子正常。

（6）漏油泵自动运行正常。

（7）调速器系统工作正常。

（8）发电机出口断路器断开或出口隔离开关断开；发电机集电环、电刷已研磨安装完毕，电刷拨出；灭磁开关断开。

（9）水机保护和测温装置已投入且运行正常。

（10）外接试验接线已接好；现地LCU工作正常。

（11）水轮机工作密封投入正常，检修密封已排气，顶盖无漏水。

（12）拨出接力器锁锭（手动复归紧急停机电磁阀）解除制动，检查风闸全部落下。

（13）手动打开调速器的导叶开度，待机组开始转动后，立即将导叶关回，检查各部机组转动部件与静止部件之间有无摩擦和碰撞情况。

（14）待检查确认各部正常后，手动打开导叶启动机组，当转速升至50%的额定转速时暂停升速。观察各部运行情况检查无异常后继续增大开度，使转速升至额定值，机组空转运行。

（15）机组空转运行中应注意检查各部运行情况，水车室漏水情况；各轴承温升情况；

各油槽甩油情况；检查上位机与现地 LCU 数据采集处理情况及程序执行情况。

（16）待机组空转运行稳定后开始做调速器扰动试验，动态试验，手动、自动切换试验，双电源切换试验，掉电试验，导叶反馈断线试验，测频回路断线试验，机组手动、自动下摆度试验。

（17）机组空转各部瓦温稳定后手动停机检查；主要检查各部位螺栓、销钉、锁片及键是否松动或脱落；检查转动部分的焊缝是否有开裂现象；检查发电机上、下挡风板及挡风圈是否有松动或断裂现象，检查风闸的磨损程度及其动作的灵活性。

（四）水轮发电机过速试验

水轮发电机过速试验的目的是检查水轮发电机转动部分的机械强度，观察测速装置动作是否正确，具体试验步骤如下：

（1）经机组空转试验检查各部正常。

（2）手动方式开机至额定转速，监视各部无异常现象。

（3）将导叶开度手动继续加大，使机组升速至额定转速的 115%，观察转速装置触点动作停机，或将保护触点从水机保护回路断开观察其触点动作情况。

（4）如机组运行无异常，继续将转速升至 140%n_e 过速保护监视过速装置动作停机，并落下工作闸门。

（5）过速试验中应注意检查记录各部位摆度和振动值。记录各轴承的温升情况及发电机空气间隙的变化，监视有无异常响声。

过速试验后全面检查水轮发电机的转动部分，如转子磁轭键、磁极键、阻尼绕组及磁极引出线、磁轭压紧螺杆等有无松动或移位；检查发电机定子基础及千顶的状态；检查各部位螺栓、销钉、锁片及键是否松动或脱落；检查转动部分的焊缝是否有开裂现象；检查发电机上、下挡风板挡风圈是否有松动或断裂现象，检查风闸的磨损及动作的灵活性。

（五）水轮发电机的自动开停机试验

水轮发电机的自动开停机试验目的是检查开停机流程动作，及其附属设备动作是否正常，记录开机令至开始启动的时间和达到额定转速的时间，停机令至制动加闸时间和加闸至机组全停的时间。水轮发电机的自动开停机试验分别在现地 LCU 及上位机进行。具体试验步骤如下：

（1）试验前检查调速器处于自动位置，机组各部附属设备处于自动状态。

（2）水机保护均已投入，具备自动开停机条件。

（3）首次自动开机前现地检查接力器及风闸的实际位置与自动回路相符。

（六）水轮发电机短路升流试验

水轮发电机短路升流试验的目的是检查发电机各电流回路的正确性和对称性；检查各继电保护电流回路的极性和相位，检查各测量表计接线及显示的正确性。检查额定电流下机组的振动和摆度以及电刷、集电环工作情况；录制三相短路特性曲线等。具体试验步骤如下：

（1）发电机短路升流试验应具备的条件：①发电机出口端已设置可靠的三相短路线；②用厂用电提供主励磁装置电源；③投入机组水机保护。

（2）手动开机至额定转速，检查机组各部运转正常。

（3）手动合上发电机灭磁开关，通过电压励磁调节器手动设置升流至定子额定电流的

5%，检查发电机各电流回路的正确性和对称性；检查各继电保护电流回路的极性和相位，检查各测量表计接线及指示的正确性。

(4) 检查无异常后将电流升至额定电流，检查记录在额定电流下机组的振动、摆度，以及电刷、集电环工作情况。

(5) 在发电机额定电流下跳开灭磁开关，检查灭磁开关的灭磁情况是否正常，在发电机额定电流下跳开灭磁开关，检查灭磁开关的灭磁情况是否正常，录制发电机在额定电流时的灭磁过程的示波图。

(6) 录制发电机三相短路特性曲线，每隔10%定子额定电流记录定子电流与转子电流。

(7) 测量定子绕组对地绝缘电阻（换算到100℃时）$R\geqslant U/$（1000+S/100），其中U为额定电压，S为额定容量。

(8) 短路升流试验合格后模拟水机保护动作停机，并拆除三相短路线。

（七）水轮发电机升压试验

水轮发电机升压试验目的是检查发电机各部带设备带电是否正常；机组运行中各部振动和摆度是否正常；电压回路二次电压相序、相位和电压值是否正确。具体试验步骤如下。

(1) 水轮发电机升压试验应具备的条件：①发电机保护装置投入；②用厂用电提供主励磁装置电源；③投入机组水机保护。

(2) 自动开机至额定后检查各部运行正常，测量发电机短路升流试验后的残压值，并检查三相电压的对称性。

(3) 手动升压至25%额定电压值后，检查发电机及引出线等各部带电设备是否正常；检查机组运行中各部振动和摆度是否正常；检查电压回路二次电压相序、相位和电压值是否正确。

(4) 检查无异常后升压至50%额定电压，跳开灭磁开关检查灭弧情况并录制示波图。

(5) 继续升压发电机额定电压值时检查带电范围内的一次设备运行情况，测量二次电压的相序与相位，测量机组振动和摆度；测量发电机轴电压，检查轴电流保护装置。

(6) 在额定电压下跳开灭磁开关检查灭弧情况并录制灭磁过程示波图。

(7) 零起升压，每隔10%额定电压记录定子电压、转子电流与机组频率，录制发电机空载特性的上升曲线。

(8) 继续升压，当发电机励磁电流升至额定值时测量发电机定子最高电压。

(9) 由额定电压开始降压，每隔10%额定电压记录定子电压、转子电流与机组频率，录制发电机空载特性的下降曲线。

(10) 对于装有消弧线圈的发电机还要进行发电机单相接地试验：设置单相接地点，断开消弧线圈，升压50%额定电压后，测量定子绕组单相接地时的电容电流。选择适当的分接头投入运行，升压至100%额定电压后，测量补偿电流及残余电流，并检查接地保护装置信号。

（八）水轮发电机并列试验

水轮发电机并列试验目的是检查水轮发电机的同期装置及同期回路的正确性，具体试验步骤如下：

(1) 选择同期点的同期开关，检查同期回路的正确性。

（2）先做假同期试验：拉开同期点开关所在的隔离开关，分别用手动与自动同期方式进行；机组的模拟并列试验，检查同期装置及同期回路是否正常。同时录制发电机电压、系统电压、断路器合闸脉冲示波图。

（3）模拟并列试验正常后，再分做机组的手动与自动同期（真同期）并列试验，录制发电机电压、系统电压、断路器合闸脉冲示波图。

（九）水轮发电机负荷试验

水轮发电机负荷试验主要有甩负荷及带负荷试验，其目的是检查水轮发电机带负荷能力及甩负荷时励磁调节器和调速系统的反应和各部运行情况的变化是否符合要求。具体试验步骤如下：

（1）水轮发电机带负荷、甩负荷相互穿插进行。在机组初带负荷后注意检查机组及相关机电设备各部运行情况，无异常后再根据系统具体情况做甩负荷试验。

（2）水轮发电机带负荷试验。

1）有功功率增加要逐步逐级进行，并注意观察记录机组各部位运行情况和各仪表指示。观察和测量机组在各种负荷工况下的振动和摆度；测量尾水管压力脉动值，观察水轮发电机补气装置工作情况，必要时进行补气试验。

2）进行机组带负荷下调速器动态试验：检查机组调节的稳定性及相互切换过程的稳定性。

3）进行快速增、减负荷试验：增、减变化量不大于额定负荷的25%；并自动记录机组转速、蜗壳压力、尾水管压力脉动、接力器行程和功率变化等的过渡过程；注意检查机组振动情况。

4）进行机组带负荷下电压励磁调节器试验，检查发电机无功功率调整的各项指标符合要求。

5）调整机组有、无负荷时要在分别在现地调速器与励磁调节器上进行正常后，再通过上位机进行调整。

（3）水轮发电机甩负荷试验。

1）机组甩负荷试验应在额定负荷的25%、50%、75%和100%下分别进行，录制过渡过程的各种参数变化曲线及过程曲线注意检查各部运行情况；记录各部轴承瓦温的变化情况，记录接力器不动时间，检查真空破坏阀的动作和中心孔大轴补气阀的情况。

2）在额定功率因数下机组甩负荷时应注意检查电压励磁调节器的稳定性和超调量（电压15%、振荡次数3次、调节时间5s）。

3）检查调速器的动态调节性能，校核导叶接力器紧急关叛乱时间；蜗壳水压力上升率、机组转速上升率等均符合要求。

（十）水轮发电机72h带负荷连续试运行及30d考核试运行试验

（1）在完成上述各项试验正常后，检查无异常，机组已具备并网带额定负荷72h试运行的条件。

（2）按运行值班要求全面检查并记录所有运行相关参数。

（3）如果由于运行水头不足或系统条件等原因，使机组达不到额定功率时，可按当时的具体条件确认机组带最大负荷进行72h试运行。

（4）在72h试运行中由于机组及相关机电设备的制造、安装质量或其他原因引起运行中断时经检查处理合格后重新开始。

（5）在72h试运行后，停机进行机电设备全面检查。必要时还需要将蜗壳、压力钢管及尾水管的水排空检查机组过流部分的工作情况。

（6）消除并处理72h试运行中所发现的所有缺陷后，可以交系统运行（新安装机组进行30天考核试运行试验，结束后方可正式投入商业运行）。

第三节　水轮发电机组的异常处理

一、水轮发电机的常见故障与事故处理

水轮发电机运行中难免会发生各种各样的异常情况，同一异常现象可能有不同的产生原因，因此，在分析故障现象时，要根据仪表指示、机组运转声响、振动、温度等现象，结合事故预兆及常规处理经验进行分析判断，必要时采用拆卸部件解体检查等方法和手段，从根本上消除设备故障。

（一）水轮发电机出力下降

水轮发电机导叶开度不变的情况下，机组出率下降明显，造成水轮机出力下降的常见原因如下。

（1）上游水位下降，渠道来水量急剧减少。

（2）前池进水口拦污栅杂草严重阻塞。

（3）电站尾水位抬高。

（4）水轮机导叶剪断销断裂，个别导叶处于自由开度状态。

（5）水轮机导水机构有杂物被卡住，冲击式机组的喷嘴堵塞。

（6）冲击式机组折向器阻挡水流。

针对上述原因进行如下相应的检查处理。

（1）若水库水位下降，有效水头减小，则水轮机效率降低，机组出力下降。

（2）水库水位过低，应停止发电运行，积蓄水量，抬高水位后再发电。渠道来水量急剧减少，或上游电站已经停机，渠道发生事故断流，应停机后检查处理。

（3）要及时清理拦污栅杂草，防止杂草阻塞以致影响水轮机出力。

（4）检查尾水渠道有否被堵塞，是否强降雨造成河道水位抬高。

（5）详细检查水轮机导叶拐臂的转动角度是否一致，发现个别导叶角度不一致时停机处理。

（6）检查水轮机内部噪声情况，做全开、全关动作，排除杂物。必要时拆卸水轮机尾水管或打开进人孔进入蜗壳，取出杂物。

水轮机出力下降，往往会出现异常声响和振动，蜗壳压力表指示下降或大幅度波动等现象，要根据情况进行分析和判断处理。

（二）水轮机振动

水轮机运行过程中振动过大会影响机组正常运行，轻则机组运行不稳定，出力波动大，轴承温度高，机组运转噪声大；重则引起机组固定部件（地脚螺栓）损坏，尾水管金属焊接

部件发生裂纹，轴承温度过高而无法连续运行。应针对不同情况，查清机组振动原因，采取对应措施，恢复机组正常运转。水轮机振动通常是由机械安装和水力平衡两方面原因引起的。

1. 机械安装方面

（1）由于主轴弯曲变形，机组主轴同心度不好，主轴法兰连接不紧，轴承调整不良，间隙过大等原因，开机后会引起大的振动。这属于机组检修质量不合格的问题，必须拆卸机组部件重新检测安装。

（2）机组转动部件间隙过小，摆度大会引起局部摩擦，从而会产生机组振动并伴随声响。此时，摩擦部位温度较高，必须重新调整处理。

（3）机组转动部分质量不平衡，机组振动情况与转速高低有关，与负荷大小无多大关系。这通常是属于转轮补焊后，叶片质量不等，叶片局部变形严重的问题，必须拆卸机组转轮进行动平衡检查及叶片形状测量比较修正，消除机组振动。

2. 水力不平衡

（1）尾水管中水流漩涡引起水轮机振动，此时机组振动大小与负荷有关，机组负荷小时容易引发振动，且机组噪声明显增大。通常采取避开此运行工况区域，或在尾水管中安装补气管进行补气的方法，减轻或消除漩涡引起的机组振动。

（2）混流式机组转轮叶片间被杂物卡住，导叶被杂物卡住，导叶销断裂，单只导叶自由活动，造成水流不平衡，此时机组声响异常，出力下降，必须仔细检查，根据原因进行处理，必要时拆卸尾水管取出杂物。

（三）水轮机轴承温度过高

轴承温度过高，会影响机组正常运行。温度过高的主要原因如下。

（1）机组振动较大，主轴摆度大，轴承受力增大。

（2）轴承油位过低，润滑油型号不对，润滑不良。

（3）轴承冷却器堵塞，冷却水中断，冷却条件不良。

（4）轴承间隙过小，巴氏合金瓦点子大，轴承摩擦损耗增大。

（5）轴承冷却器漏水，顶盖排水不畅引起轴承进水，润滑油劣化。

根据故障原因分别进行处理，机组振动大要设法消除，轴承间隙小要调整，瓦面点子大要修刮，润滑油方面问题要根据原因进行处理。

（四）水轮机主要零部件的机械磨损

由于水质不良，检修周期过长，水轮机主要零部件经常会发生机械磨损，从而会影响机组的正常运行。常见机械磨损如下。

（1）橡胶瓦轴承，当发生缺水干摩擦时，即使时间较短，也会使橡胶轴瓦的温度急剧升高，加速轴瓦与轴颈的磨损，因此，橡胶轴承应加强冷却水的监视，防止缺水运行。

（2）导叶机构的部件磨损，常发生在转动部件的接触部位，即导叶轴颈处，因水质差，水中沙粒落入轴颈内引起磨损增加，检修周期过长，磨损加剧。导叶机构磨损，漏水量加大，会影响水轮机关机，造成刹车困难。

（3）水轮机轴的磨损主要发生在有盘根的地方，盘根质量不佳，盘根压板过紧，水质差，沙粒进入盘根处等原因均会增加轴颈的磨损，多年使用不处理，会影响主轴密封效果。

二、水轮发电机的异常运行与事故处理

由于受外界因素（电网）的影响和发电机自身的原因，发电机在运行中可能会发生各种异常现象。当发电机发生异常现象时，有关表记的指示会明确反映，同时根据保护继电器动作，断路器跳闸，调速器自动关机，发出故障音响及灯光信号。此时，运行人员应根据故障瞬间仪表指示，保护信号指示，开关和设备的动作情况，现场设备的其他情况，判断故障的性质和部位，沉着、迅速、正确的排除故障，不使故障扩大产生严重后果。

（一）发电机过负荷

小型发电机在并入大电网运行时一般不会出现过负荷现象（除人为因素外），可能出现过负荷的情况如下。

（1）电网高压线路某处发生事故，线路电压大幅下降。

（2）机组运行于独立小电网时，供电负荷过大；机组并网运行于用户线路，由于该线路突然停电，用户的负荷接近于机组供电负荷，因而会出现并网过负荷运行。

水轮发电机组在正常运行时不允许过负荷。运行规程规定，事故情况下，发电机可以承受短时过负荷。因发电机对温升和绝缘材料的耐温能力有一定的裕度，故短时间过负荷对绝缘材料的寿命影响不大。绕组绝缘老化有一个过程，绝缘材料变脆，介质损坏增大，耐受击穿电压强度降低等都需要有一个高温作用的时间。高温作用时间愈短，绝缘材料的损害程度愈轻。

发电机短时间过负荷的电流允许值执行制造厂的规定，若制造厂没有规定，则小型发电机可参照规程执行。

事故或特殊情况需要发电机组过负荷运行，当发电机定子电流超过允许值时，电气值班人员应首先检查发电机的功率和电压，并注意定子电流超过允许值所经历的时间，然后用减少励磁电流的方法降低定子电流到额定电流值，但不得使功率因数过高和定子电压过低，若此方法不奏效，则必须降低发电机的有功负荷或切断一部分负荷，使定子电流降到许可值。

若正常运行中的发电机定子出口风温已经达到75℃，转子绕组励磁电流，电压达到或超过额定值，则没有紧急特殊情况，机组不应再执行过负荷运行规定，应立即解列停机，待电网线路恢复正常后再进行并网运行，以确保机组自身安全。

（二）发电机三相定子电流不平衡

引起三相定子电流不平衡的原因如下。

（1）检查发电机各部温度，是否存在局部过热现象，发电机内部绕组可能存在匝间短路故障。

（2）检查励磁分流电抗器绕组的颜色和温度，是否存在一相绕组发热，绝缘烧坏引起严重匝间短路，引起三相定子电流不平衡。

（3）检查励磁系统各整流管散热器的温度情况。个别整流管突然烧坏，此时励磁电流比正常值小很多，温度较低的整流管可能已烧坏。

（4）检查断路器，主变压器高低压侧的连接头是否有发热现象，因为在接触电阻不稳定时会伴随电流波动。

（5）系统单相事故，造成单相负荷特别大。

根据不同原因，停机后进行仔细检查并分别进行处理。如果在发电机运行中发现定子有

一相电流已经超过额定值，应迅速调整（降低）励磁电流。必要时可同时采用降低机组有功功率的方法，将发电机定子电流降低到额定电流以下，以确保机组安全运行。

（三）机组启动后不能建压

机组正常启动，导叶开度已经在空载位置，机组转速上升（声响达到正常值），发电机电压表无指示，励磁电流表无指示，则发电机不能建压。

发电机不能建压的原因如下。

（1）发电机转子剩磁消失或剩磁电压过低。

（2）整流原件损坏（开路或击穿）。

（3）分流晶闸管的调整电阻位置不正确，或晶闸管已击穿。

（4）励磁回路接触不良，如电刷被卡住，滑环表面接触不良。

（5）机组转速太低，不能自励建压。

（6）励磁引出线接线接反，剩磁方向相反。

（7）晶闸管和触发电路故障，保护熔断器烧坏。

（8）起励接触器触点接触不良。

若发电机转子剩磁太小，则检查机组导叶开度，提高机组转速，然后用6V干电池短时搭接在L_1(+)，L_2(−)两接线端子上，发电机起励，定子电压上升后，迅速脱开干电池，防止发生意外。如果仍然不能建压，必须仔细检查励磁接线，拆开元件，分段分部件检查各整流管、电刷、集电环、转子绕组、励磁绕组、晶闸管及触发控制板、起励接触器等，发现问题，逐个排除。

（四）发电机运行中欠励磁或失磁

发电机运行中，晶闸管损坏，突然二相运行，使发电机的励磁电流大幅度减少，甚至使发电机进相运行，这种现象称为发电机的欠励磁。发电机转子励磁回路断线，晶闸管励磁开关误跳闸或励磁两相以上整流管损坏，会使发电机失去励磁电流而造成失磁。

发电机欠励磁运行，用钳形电流表检查励磁回路三相电流，发现是励磁少一相工作，这时应降低有功负荷，解列停机后进行检查处理。

并网运行的发电机失磁后的现象，励磁电流表指示将为零；发电机定子电压表指示下降，定子电流异常增大，过负荷保护动作发信号；此时发电机转速略有升高，功率因数表进相，无功电能表倒转。

发电机失磁后，发电机同步运行变为异步运行，发电机向电网吸收大量无功功率。处理方法：

（1）值班人员应降低有功功率，以便降低定子电流。

（2）手动增加励磁电流或合上励磁开关（励磁分闸时）恢复励磁电流。

（3）如仍无效果，说明励磁转子绕组回路有断路故障，应立即解列停机检查处理。

（五）发电机振荡和失去同步运行

当系统中发生短路或附近电网中有大容量的设备投切时，系统的静态和动态稳定将被破坏，从而会使发电机的驱动力矩与阻力矩失去相对稳定，可能会引起定子电流和功率的振荡，振荡严重时，会使发电机失去同步运行。此时，发电机将不能保持正常运行。

1. 发电机振荡

小型水电站发电机出现振荡，通常是由发电机励磁系统反应灵敏引起的。电网电压稍有变化，发电机励磁自动调整，往往是由于附近有相同特性的水轮发电机组相互“抢无功”引起的。特别是两台电抗分流励磁的机组并联运行时，调整不当会引起机组振荡。对并网机组的解决办法是：

（1）增加调差率，使发电机无功功率有差调整，防止出现“抢无功”现象。

（2）减少分流电抗器匝数，即减小励磁分流比例，使机组励磁系统对负荷的反应灵敏度减弱，减少参与电网的无功功率自动调整比例。

（3）若是两台容量和特性相同机组并联运行引起的，则将励磁输出通过开关并接，使两台机组励磁电流相等，防止无功分配不均匀．这种方法虽然有效，但操作不安全，故实际很少采用。

2. 发电机失去同步运行

当发电机振荡后失去同步运行时，仪表指示摆动更加剧烈，具体现象如下。

（1）三相定子电流表大幅度摆动，冲撞两边针档。

（2）有功功率表、励磁电流表大幅摆动，定子电压表下降且摆动。

（3）机组转速时高时低，伴随有节奏的轰鸣声音。

（4）晶闸管励磁的发电机强励装置间歇动作。

发电机失去同步运行的解决办法如下。

（1）增加发电机的励磁电流以增加同步时电磁转矩，使机组在达到平衡点附近时拉入同步运行。

（2）减少水轮机导叶开度以减少有功输出功率，降低功率表摆动幅度，创造有利条件让发电机恢复同步运行。

（3）若上述方法仍不能稳定运行，则将发电机从系统解列。

（六）机组飞逸事故

当系统发生事故致使发电机突然甩去全部负荷时，调速器操作不及时或操动机构故障，机构被卡住，耗能电阻回路又不能及时投入等原因会导致机组转速快速升高超过额定值，机组声音呈高速声响，即出现飞逸现象。

1. 现象

机组出现飞逸时，转动部分的离心力急剧增加，机组摆度和振动增大，可能引起转动部分摩擦。各轴承温度升高，严重时振动造成机组固定螺栓松动，轴承损坏。

2. 处理方法

（1）迅速将断路器手动分闸，关闭水轮机导叶，投入耗能电阻。

（2）处理无效时立即关闭进水管主阀门，切断水流。

（3）当机组转速下降到30％～40％时，操作制动闸刹车停机。

停机后进行全面检查，飞逸不严重，经检查没有发现问题，即可开机低速转动。运转检查无问题，缓慢提高机组转速，如轴承温度正常，可进行升压，机组飞车时间较长，飞逸较为严重的，要全面仔细的进行检查，必要时拆卸部件进行检查，发现可疑问题必须进行处理。

3. 预防措施

正常情况，发电机突然甩去全部负荷，机组过电压保护动作，断路器跳闸，调速器自动关闭导叶，耗能电阻接触器自动投入，机组转速轻微上升后即开始下降，直到刹车停机。因此，必须经常检查调速器、继电保护动作是否正常，耗能电阻接触器回路工作是否正常。当水轮机导叶机构被卡无法关闭时，必须手动紧急关闭进水阀门，切断水流停机。

飞逸转速由水轮机制造厂提供，混流式、轴流式机组的飞逸转速为额定转速的 1.8～2 倍；冲击式机组较高，飞逸转速为额定转速的 2～2.5 倍。水轮发电机组在厂家规定的飞逸转速下允许运转 2min，发电机转子不应损坏，水轮机部件也应正常。

第七章

直流系统的运行与维护

第一节　直流系统蓄电池的作用及组成

一、直流系统的作用

直流系统是发电厂厂用电中重要的组成部分，它应保证在任何事故情况下都能可靠和不间断地向其用电设备供电。发电厂的直流系统，主要用于对开关电器的远距离操作、信号设备、继电保护、自动装置及其他一些重要的直流负荷（如事故油泵、事故照明和不停电电源等）的供电。

在发电厂直流系统中，采用蓄电池组作为直流电源。蓄电池组是一种独立可靠的电源，它在发电厂内发生任何事故，甚至在全厂交流电源都停电的情况下，仍能保证直流系统中的用电设备可靠而连续的工作。

直流系统主要由蓄电池组和充电设备组成。

二、蓄电池构造和工作原理

蓄电池是一种独立可靠的直流电源。尽管蓄电池投资大，寿命短，且需要很多的辅助设备（如充电和浮充电设备，保暖、通风、防酸建筑等），建造时间长，运行维护复杂，但由于它具有独立而可靠的特点，因而在发电厂和变电站内发生任何事故时，即使在交流电源全部停电的情况下，也能保证直流系统的用电设备可靠而连续地工作。另外，不论如何复杂的继电保护装置、自动装置和任何形式的断路器，在其进行远距离操作时，均可用蓄电池的直流电作为操作电源。因此，蓄电池组在发电厂中不仅是操作电源，也是事故照明和一些直流自用机械的备用电源。

蓄电池是储存直流电能的一种设备，它能把电能转变为化学能储存起来（充电），使用时再把化学能转变为电能（放电），供给直流负荷，这种能量的变换过程是可逆的，也就是说，当蓄电池已部分放电或完全放电后，两级表面形成了新的化合物，这是如果用适当的反向电流通入蓄电池，就可使已形成的新化合物还原成原来的活性物质，供下次放电之用。在放电时，电流流出的电极称为正极或阳极，以“+”表示；电流经过外电路之后，返回电池的电极称为负极或阴极，以“—”表示。根据电极或电解液所用物质的不同，蓄电池一般分为铅酸电池和碱性电池两种。下面以铅酸蓄电池为例，对蓄电池的结构、工作原理进行介绍。

（一）铅酸电池的结构

蓄电池由极板、电解液和容器构成，如图 7-1 所示。极板分正极板和负极板，在正极板上的活性物质是二氧化铅，负极板上的活性物质是灰色海绵状的金属铅（铅绵），电解液是浓度为 27%～37%的硫酸水溶液（稀硫酸），其比例在 15℃时为 1∶21，放电时比重稍微下降。

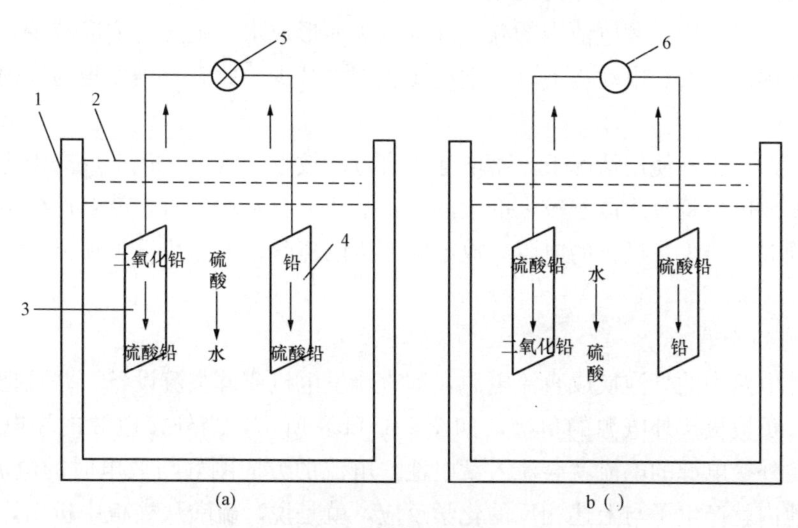

图 7-1　蓄电池的构成

(a) 蓄电池放电；(b) 蓄电池充电

1—容器；2—电解液；3—二氧化铅板（正极）；4—铅版（负极）；5—灯泡；6—直流发电机

正极板采用表面式的铅板，在铅板表面上有许多肋片，这样可以增大极板与电解液的接触面积，以减少内电阻和增大单位体积的蓄电容量。负极板采用匣式的铅板，匣式铅板中间有较大的栅格，两边用有孔的薄铅皮加以封盖，以防止多孔性物质（铅绵）的脱落。匣中充以参加电化学反应的活性材料，即将铅粉及稀硫酸等物调制成浆糊状混合物，涂填在铅质栅格骨架上。极板在工厂经加工处理后，正极板的有效物质为深棕色二氧化铅，负极板中的有效物质是淡灰色绵状金属铅。正、负极板之间用多孔性隔板隔开，以使极板之间保持一定距离。

电解液面应该比极板上边至少高出 10mm，比容器上边至少低 15～20mm。前者是为了防止反应不完全而使极板翘曲，后者是防止电解液沸腾时从容器内溅出。蓄电池中负极板总比正极板多一块，使正极板的两面在工作中起的化学作用尽量相同，以防止极板发生翘曲变形。同极性的极板用铅条连接成一组，此铅条焊接在极板的突出部分，并用耳柄挂在容器的边缘上。

为了防止在工作过程中有效物质脱落到底部沉积，造成正、负极板短路，所以极板下边与容器底部应有足够距离。容器上面盖以玻璃板，以防灰尘侵入和充电时电解液溅出。

（二）蓄电池的工作原理

1. 蓄电池的放电

把正、负极板互不接触而浸入容器的电解液中，在容器外用导线和灯泡把两种极板连接起来，如图 7-1 (a) 所示，此时灯泡亮，因此二氧化铅板和铅板都与电解液中的硫酸起了化学变化，使两种极板之间产生了电动势（电压），在导线中有电流流过，即化学能变成了使灯泡发光的电能。这种由于化学反应而输出电流的过程称为蓄电池放电。放电是，正负极板的活性物质都与硫酸发生了化学变化，生成硫酸铅（PbS_4O）。当两极板上大部分活性物质都变成了硫酸铅后，蓄电池的端电压就下降。当端电压降到1.75～1.8V以后，放电不宜继续下去，此时两极板间的电压称为终止放电电压。

在整个放电过程中，蓄电池中的硫酸逐渐减少而形成水，硫酸的浓度减少，电解液比重降低，蓄电池内阻增大，电动势下降，端电压也随之减少，此时，正极板为浅褐色，负极板为深灰色。

必须注意，在正常使用情况下，蓄电池不宜过渡放电，因为在化学反应中生成的硫酸铅小晶块在过度放电后将结成体积较大的大晶块，晶块分布不均匀时，就会使极板发生不能恢复的翘曲，同时还增大了极板的电阻。放电时产生的硫酸铅大晶块很难还原，妨碍充电过程的进行。

2. 蓄电池的充电

如果把外电路中的灯泡换成直流电源，即直流发电机或硅整流设备，并且把正极板接外电源的正极，负极板接外电源的负极，如图7-1（b）所示，当外接电源的端电压高于蓄电池的电势时，外接电源的电流就会流入蓄电池，电流的方向刚好与放电时的电流方向相反，于是在蓄电池内就产生了与上述相反的化学反应，就是说，硫酸从极板中析出，正极板又转化为二氧化铅，负极板则转化为纯铅，而电解液中硫酸增多，水减少。经过这种转化，蓄电池两极之间的电动势又恢复了，蓄电池又具备了放电条件。这时，外接电源的电能充进了蓄电池变成化学能而储存了起来，这种过程称为蓄电池的充电。

充电过程使硫酸铅小晶块分别为二氧化铅（正极板）和铅绵（负极板），极板上的硫酸铅消失。由于充电反应逐渐深入到极板活性物质内部，硫酸浓度就增加，水分减少，溶液的密度增大，内阻减少，电势增大，端电压随之上升。

当充电电压上升到大约2.3V时，极板上开始有气体析出：正极板上逸出氧气，负极板上逸出氢气，造成强烈的冒气现象，这种现象称为蓄电池的沸腾。沸腾的原因是负极板上硫酸铅已经很少了，化学反应逐渐转变为水的电解所造成。上述两种反应同时进行时，需要消耗更多的能量，浪费蒸馏水和电力，因此，为了维持恒定的充电电流，应逐渐提高外加电源的电压。

为了减少能量耗损，防止极板活性物质脱落损坏，因此在充电终期时，充电电流不宜过大，在有气体放出时应减少充电电流。在充电终期时，正、负极的颜色由暗淡变为鲜明，蓄电池发生强烈的汽泡，当蓄电池端电压在2.5～2.7V并经1h不变，即认为充电已完成。

3. 蓄电池自放电现象

由于电解液中所含金属杂质沉淀在负极板上，以及极板本身活性物质中也含有金属杂质，因此，在负极板上形成局部的短路，形成了蓄电池的自放电现象。通常在一昼夜内，铅蓄电池由于自放电，将使其容量减少0.5%～1%。自放电现象也随着电解液的温度、比重和使用时间的增长而增加。

4. 蓄电池的电动势和容量

蓄电池电动势的大小与蓄电池极板上活性物质的电化性质和电解液的浓度有关，与极板

的大小无关。当电极上活性物质已固定后，铅蓄电池的电动势主要由电解液的浓度决定。因此，蓄电池的电动势可近似由下式决定

$$E = 0.85 + d \tag{7-1}$$

式中　E——铅蓄电池的电动势，V；

0.85——铅蓄电池电动势的常数；

d——电解液的比重。

电动势与电解液的温度有关。当温度变化时，电解液的黏度要改变，黏度的改变会影响电解液的扩散，从而影响放电时的电动势，因而引起蓄电池容量的变化。运行中蓄电池室的温度以保持在10℃～20℃为宜，因为电解液在此温度范围内变化较小，对电势影响甚微，可忽略不计。蓄电池在运行中，不允许电解液的温度超过35℃。

蓄电池的容量就是蓄电池的蓄电能力。通常以充足电的蓄电池在放电期间端电压降低10%时的放电电量来表示。一般以10h放电容量作为蓄电池的额定容量。

当蓄电池以恒定电流值放电时，其容量等于放电电流和放电时间的乘积，即

$$C = It \tag{7-2}$$

式中　C——蓄电池容量，Ah；

I——放电电流，A；

t——放电时间，h。

蓄电池在使用过程中，其容量主要受放电率和电解液温度的影响。

放电率对蓄电池容量的影响。蓄电池每小时的放电电流称作放电率。蓄电池容量的大小随放电率的大小而变化，一般放电率越高，则容量越小，因蓄电池放电电流大时，极板上的活性物质与周围的硫酸迅速反应，生成品粒较大的硫酸铅，硫酸铅晶粒易堵塞极板的细孔，使硫酸扩散到细孔深处更为困难。因此，细孔深处的硫酸浓度降低，活性物质参加化学反应的机会减少，电解液电阻增大，电压下降很快，电池不能放出全部能量，所以，蓄电池的容量较小。放电率越低，则容量越大，因蓄电池放电电流小时，极板上活性物质细孔内电解液的浓度与容器周围电解液的浓度相差较小，且外层硫酸铅形成得较慢，生成的晶粒也小，硫酸容易扩散到细孔深处，使细孔深处的活性物质都参加化学反应，所以，电池的容量就大。

电解液温度对蓄电池容量的影响。电解液温度愈高，稀硫酸黏度越低，运动速度越大，渗透力越强，因此电阻减小，扩散程度增大，电化学反应增强，从而使电池容量增大。当电解液温度下降时，渗透减弱，电阻增大，扩散程度降低，电化学反应滞缓，从而使电池容量减小。

三、蓄电池运行方式

蓄电池的运行方式有两种，充电—放电方式与浮充电方式。电厂的蓄电池组，普遍采用浮充电方式。

（一）充电—放电方式运行特点

所谓蓄电池组的充放电方式运行，就是对蓄电池组进行周期性的充电和放电，当蓄电池组充足电以后，就与充电装置断开，由蓄电池组单独向经常性的直流负荷供电，并在厂用电事故停电时，向事故照明和直流电动机等负荷供电。为了保证在任何时刻都不致失去直流电源，通常，当蓄电池放电到约为60%～70%额定容量时，即开始进行充电，周而复始。

按充放电方式运行的蓄电池组，必须周期地、频繁地进行充电。在经常性负荷下，一般每隔24h就需充电一次，充至额定容量。充电末期，每个蓄电池的电压可达2.7～2.75V，蓄电池组的总电压（直流系统母线电压）可能会超过用电设备的允许值，母线电压起伏很大。

为了保持母线电压，常需要增设端电池。这些，都可能是这种运行方式不被电厂普遍采用的主要原因。

（二）浮充电方式运行特点

所谓蓄电池组的浮充电方式，就是充电器经常与蓄电池组并列运行，充电器除供给经常性直流负荷外，还以较小的电流—浮充电电流向蓄电池组充电，以补偿蓄电池的自放电损耗，使蓄电池经常处于完全充足的状态；当出现短时大负荷时（例如当断路器合闸、许多断路器同时跳闸、直流电动机、直流事故照明等），则主要由蓄电池组供电，而硅整流充电器，由于其自身的限流特性决定，一般只能提供略大于其额定输出的电流值。

在浮充电器的交流电源消失时，便停止工作，所有直流负荷完全由蓄电池组供电。浮充电电流的大小，取决于蓄电池的自放电率，浮充电的结果，应刚好补偿蓄电池的自放电。如果浮充电的电流过小，则蓄电池的自放电就可能长期得不到足够的补偿，将导致极板硫化（极板有效物质失效）。相反，如果浮充电电流过大，蓄电池就会长期过充电，引起极板有效物质脱落，缩短电池的使用寿命，同时还多余地消耗了电能。

浮充电电流值，依蓄电池类型和型号而不同，一般为（0.1～0.2）NC/100（A），其中NC为该型号蓄电池的额定容量（单位为Ah）。旧蓄电池的浮充电电源要比新蓄电池大2～3倍。

为了便于掌握蓄电池的浮充电状态，通常以测量单个蓄电池的端电压来判断。如对于铅酸蓄电池，若其单个的电压在2.15～2.2V，则为正常浮充电状态；若其单个的电压在2.25V及以上，则为过充电；若其单个的电压在2.1V以下，则为放电状态。因此，为了保证蓄电池经常处于完好状态，实际中的浮充电，常采用恒压充电的方式。标准蓄电池的浮充电电压规定如下。

（1）每只铅酸蓄电池（电解液密度为1.215g/cm^3），其浮充电电压一般取2.15～2.17V。

（2）每只中倍率镉镍蓄电池，其浮充电电压一般取1.42～1.45V。

（3）每只高倍率镉镍蓄电池，其浮充电电压一般取1.35～1.39V。

按浮充电方式运行的有端电池的蓄电池组，参与浮充电运行的蓄电池的只数应该固定，运行人员用监视直流母线的电压为恒定，去调节浮充电机的输出，而不应该用改变端电池的分头去调节母线电压。

按浮充电方式运行的蓄电池组，每2～3个月，应进行一次均衡充电，以保持极板有效物质的活性。

（三）蓄电池均衡充电

均衡充电是对蓄电池的一种特殊充电方式。在蓄电池长期使用期间，可能由于充电装置调整不合理、表盘电压表读数偏高等原因，造成蓄电池组欠充电，也可能由于各个蓄电池的自放电率不同和电解液密度有差别，使它们的内阻和端电压不一致，这些都将影响蓄电池的效率和寿命。为此，必须进行均衡充电（也称过充电），使全部蓄电池恢复到完全充电状态。

均衡充电，通常也采用恒压充电，就是用较正常浮充电电压更高的电压进行充电，充电的持续时间与采用的均衡充电电压有关，对标准蓄电池，均衡充电电压的一般范围是：

（1）每个铅酸蓄电池，一般取2.25～2.35V，最高不超2.4V。

（2）每个中倍率镉镍蓄电池，一般取1.52～1.55V。

（3）每个高倍率镉镍蓄电池，一般取1.47～1.50V。

均衡充电一次的持续时间，既与均充电压大小有关，也与蓄电池的类型有关。

按浮充电方式运行的铅酸蓄电池，一般每季进行一次均衡充电。当每只蓄电池均衡充电电压为2.26V时，充电时间约为48h；当均衡充电电压为2.3V/只时，充电时间约为24h；当均衡充电电压为2.4V/只时，充电时间为8～10h。

以浮充电方式运行的蓄电池组，每一次均衡充电前，应将浮充电气停役10min，让蓄电池充分地放电，然后再自动地加上均衡充电电压。

有端电池的蓄电池组，均衡充电开始前，应该先停用浮充电机，再逐步升高端电池的分头，调节母线电压保持恒定，直到端电池的分头升到最大时，重新开启浮充电机，以均衡充电电压进行充电。均衡充电开始后，逐步降低端电池的分头，调节母线电压保持恒定，直到端电池的分头将到最低时，通用浮充电机，均衡充电结束。然后再逐步升高端电池的分头，调节母线电压保持恒定，直到端电池的分头升到原先浮充电方式的分头位置时，开启浮充电机，恢复浮充电方式，再以直流母线电压为恒定，调节浮充电机的输出。如此操作方式，可以使包括所有端电池在内的全部蓄电池都进行了一次均衡充电。

第二节　微机控制直流电源装置

目前发电厂和变电站中直流电源装置广泛采用的是微机控制型高频开关直流电源系统（简称直流屏）。直流屏是智能化直流电源产品（具有遥测、遥信、遥控）可实现无人值守，能满足正常运行和保障在事故状态下对继电保护、自动装置、高压断路器的分合闸、事故照明及计算机不间断电源等供给直流电源或在交流失电时，通过逆变装置提供交流电源。适用于发电厂、变电站、电气化铁路、石化、冶金、开关站及大型建筑等需要直流供电的场所，从而保证设备安全可靠运行。

微机控制高频开关直流屏具有稳压和稳流精度高、体积小、质量轻、效率高、输出纹波和谐波失真小、自动化程度高及可靠性高，并可配置镉镍蓄电池、防酸蓄电池及阀控式铅酸式电池，可实现无人值守。

一、直流屏工作原理

直流屏系统的组成按功能可分为交流输入单元、充电单元、微机监控单元、电压调整单元、绝缘监察单元、直流馈电单元、蓄电池组和电池巡检单元等。按屏分充电柜、馈电柜及电池柜等。直流屏的原理框图如图7-2所示。

正常情况下，由直流屏的充电单元对蓄电池进行充电的同时并向经常性负载（继电保护装置、控制设备等）提供直流电源。当控制负荷或动力负荷需较大的冲击电流（如断路器的分、合闸）时，由充电单元和蓄电池共同提供直流电源。当变电站交流中断时，由蓄电池组

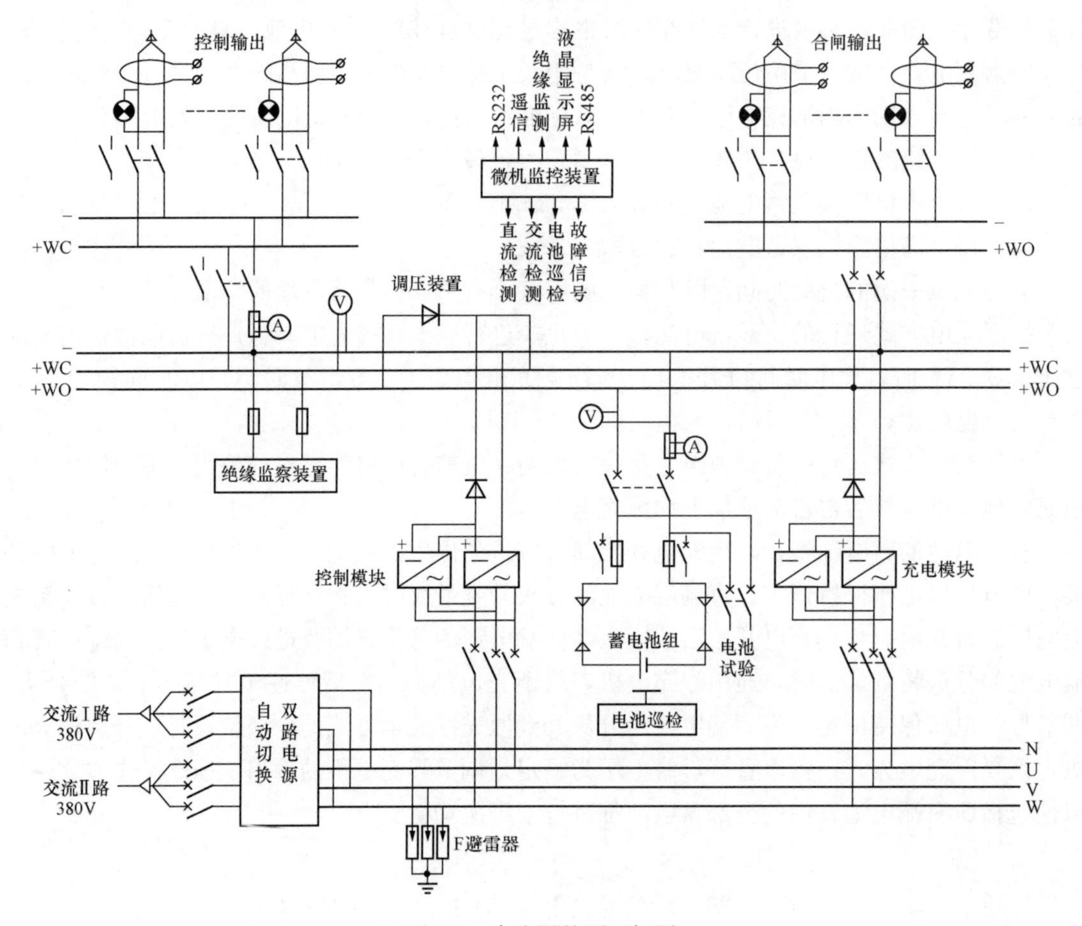

图 7-2　直流屏的原理框图

单独提供直流电源。

（一）充电单元的工作原理

（1）充电单元分别由充电和控制高频开关电源模块组成，采用（N+1）冗余设计，[所谓 N+1 冗余设计是指：若直流屏满足正常工作需直流输出电流为 10A 的高频开关模块 3 台，实际该直流屏配置 4 台（N+1），用备份的方式充电模块向蓄电池组进行均充或浮充电]，控制模块也采用（N+1）冗余设计、用备份的方式向经常性负荷（继电保护装置、控制设备）提供直流电源。这样当其中任一台模块出现故障后，不会影响装置的正常工作，使装置运行的可靠性大大提高。

（2）高频开关电源模块的工作原理。高频开关电源模块将 50Hz 交流电源经整流滤波成为直流电源，逆变部分将直流逆变为高频交流（20～300kHz），通过变压器隔离，高频经整流和滤波后输出（直流），其基本原理示意图如图 7-3 所示。

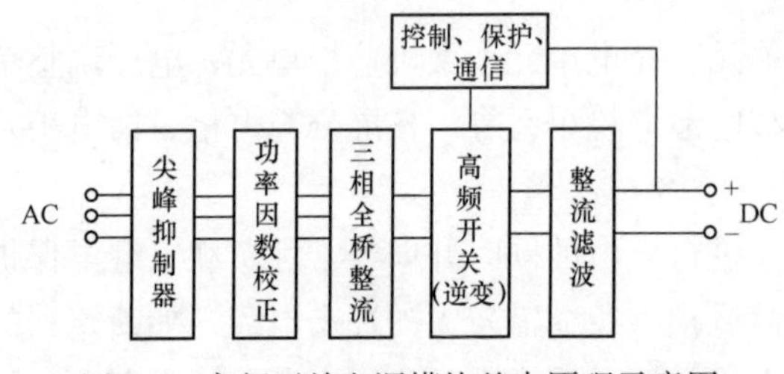

图 7-3　高频开关电源模块基本原理示意图

（3）高频开关电源模块的优点。输入、输出的电压范围宽，均流度好，功率密度高，实现 N+1 备份冗余配置可靠性高，体积小，质量轻，保护功能强（具有过、欠电压告警，温度过高、限流和输出短路保护等），直流输出指标好（稳压精度≤±0.5%、稳流精度≤±0.5%、纹波系数≤0.1%），效率高（采用软开关技术），功率因数高（可达0.99以上），并可通过智能监控接口（RS232）实现对模块的“三遥”控制（遥测、遥控、遥信），当监控单元出现故障退出运行时，高频开关模块仍可自主运行。

（二）微机监控单元的监控原理和功能

1. 微机监控器的原理

微机监控器的种类：可分别由单片机、PLC、工控机、触摸屏等组成，其显示屏采用全汉化的液晶显示大屏幕。

直流屏的一切运行参数和运行状态均可在微机监控器的显示屏上显示。监控器通过RS485或RS232接口与交流检测单元、直流检测单元、绝缘检测单元、电池巡检检测等单元的通信，从而根据蓄电池组的端电压值，充电装置的交流电压值、直流输出的电压、电流值等数据来进行自动监控。运行人员可通过微机的键盘、按钮或触摸屏进行运行参数整定和修改。

远方调度中心可通过“三遥”接口，在调度中心的显示屏上同样能监视，通过键盘操作同样能控制直流屏的运行方式。

2. 监控单元的功能

（1）自诊断和显示功能。微机监控单元能诊断直流电源系统内部电路的故障及不正常运行状态，并能发出声光报警；实时显示各单元设备的各种信息，包括采集数据、设置数据、历史数据等，可随时查看整个系统的运行情况和曾发生过的故障信息。

（2）设置功能。通过监控器对系统参数进行设定和修改各种运行参数，并用密码方式允许或停止操作，以防工作人员误动，增加系统的可靠性。

（3）控制功能。监控器通过对所采集数据的综合分析处理，做出判断，发出相应的控制命令，控制方式分“远程”和“本地”（即手动和自动）两种方式，用户可通过触摸屏或监控器上的操作键设定控制方式。

（4）报警功能。监控器具有系统故障、蓄电池熔丝熔断、模块故障、绝缘故障、母线电压异常（欠电压或过电压）、交流电源故障、电池故障、馈电开关跳闸等报警功能，每项报警有两对继电器无源干接点，作遥信无源接点输出或通过RS232、RS485接遥信输出。

（5）电源模块的管理。能控制每一个模块开、关机，能及时读取模块的输出电压，电流数据及工作，故障状态和控制或显示浮充，均充工作状态及显示控制模块的输出电压和电流输出，可实现模块的统一控制或分组控制。

（6）通信功能。监控器将采集的实时数据和告警信息通过MODEM（调制解调器）、电话网或综合自动化系统送往调度中心，调度中心根据接收到的信息对直流屏进行遥测、遥信、遥控，运行人员可在调度中心监视各现场的直流系统运行情况，实现无人值守。

（7）电池管理。监控器具有对蓄电池组智能化和自动管理功能，实时完成蓄电池组的状态检测，单体电池检测，并根据检测结果进行均充、浮充转换、充电限流、充电电压的温度补偿和定时补充充电等。

（8）监视功能。监视三相交流输入电压值和是否缺相、失电，监视直流母线的电压值是否正常，监视蓄电池熔断器是否熔断和充电电流是否正常等。

(9)“三遥”功能。远方调度中心可通过“三遥”接口，能遥控、遥测及遥信控制，显示直流电源屏的运行方式和故障类别。

(三) 交流输入单元

交流输入单元通常由两路380V/50Hz的交流电源互投电路手动或自动选择一路向充电单元供电（另一路作备用电源)，交流输入单元配有防雷电路和三相输入状态监视电路，当缺相或失电时，监视电路启动，自动投切备用电源的同时发出声光报警，并将故障信号通过监控器送往后台和远方遥信装置。

(四) 绝缘监察单元

绝缘监察的作用是对控制母线电压和各支路对地绝缘电阻进行测量判断，超出正常范围时发出报警信号。绝缘监察装置的类型如下。

(1) 绝缘监察继电器如ZJJ-2绝缘监察继电器，只能对正、负母线对地电阻和电压显示，不正常时可及时报警并显示接地类型。

(2) 微机型绝缘监察装置，它具有各馈线支路绝缘状况进行自动巡检及电压超限报警功能，并能对所有支路的正对地、负对地的绝缘电阻，对地电压等一一对应显示，不正常时可对故障支路显示出支路号及故障类别和报警。

(五) 直流馈电回路

1. 直流馈电回路的作用

直流系统通过接在合闸母线和控制母线的专用直流断路器向负荷供电的回路，负荷种类一般包括经常性负荷、事故负荷和冲击负荷等。

2. 直流馈电断路器

由于直流灭弧比交流灭弧困难得多，在直流屏中必用直流专用断路器，如5SX系列(西门子)、GM系列(北京人民)的断路器。使用时除额定电压、额定电流的选择外，还应注意开关的极性和上下进线方式不能接错，否则将烧开关。

(六) 蓄电池组

根据不同电压等级要求，蓄电池组由若干个单体电池串联组成，是直流系统重要的组成部分。正常运行时，充电单元对蓄电池进行浮充电，并定期均充。当交流失电情况下，直流电源由蓄电池组提供。目前电力系统、通信等部门广泛采用阀控式密封铅酸蓄电池，一般情况下其优点如下：不需维护（无需补水、加酸)；自放电小；内阻小、输出功率高；具有自动开启、关闭的安全阀（当蓄电池严重过充，产生过量的气体使蓄电池内部压力超过正常值时，气体将通过自动开启的安全阀排出，并在安全阀上装有滤酸装置，以防酸雾排出。当压力恢复到正常值后，安全阀自动关闭)。

二、直流屏的运行与维护

(一) 新安装、大修和停电后的开机、停机步骤

1. 开机步骤

连接好蓄电池和单体电池巡检线。按要求接入交流Ⅰ、Ⅱ路输入电源并检查交流输入电压是否为380±15%V。检查蓄电池开关应处于分闸位置。分别合上Ⅰ、Ⅱ路输入电源开关无异常后，合上高频开关模块电源开关（此时模块正常工作指示灯亮、模块的显示屏上有电

压、电流等数字显示）。再合上监控电源开关，监控器开始工作，根据蓄电池种类、容量复核监控器的设置（均充、浮充电压，充电限流值、均转浮电流等，直流屏出厂时已按要求设置）。检查充电电压、控制电压等是否正常，检查声光报警系统是否正常。关闭控制模块交流电源开关，检查自动和手动调压是否正常。检查完毕后（监控充电设置为自动），合上电池开关，此时检查监控界面，检查充电方式并注意观察充电电压表、充电电流表和控制电压表的指示应与充电方式相对应的正常值相符，单体电池检测每组均有11个指示值。开启绝缘监察仪，合上控制、合闸馈电开关后，无任何报警，直流屏开始正常工作。

2. 停机步骤

因大修等需要退出运行时，应按标准作业化程序开好工作票，转移负载后，关断馈电屏的直流输出空气断路器，关断微机绝缘监察仪电源开关，关断蓄电池开关，关断监控器电源开关，关断所有高频开关电源模块的电源开关后，关闭交流进线开关（有双路电源进线时，应将两路进线开关全部关断）。

（二）主要故障及维护

1. 高频开关电源模块故障

系统报警，模块故障光字灯亮，音响（电铃或蜂鸣器）报警；模块面板上的故障指示灯闪烁，显示屏上无电压、电流显示。

由于系统模块采用$N+1$备份，因此，不论充电或控制模块有一个模块发生故障时，不会影响系统的正常工作，若有备用模块可带电热拔插更换模块（模块面板上的拨码开关的位置应一致），或通知生产厂家更换。

2. 微机监控器故障

故障现象：当监控器故障时，系统报警，音响报警、监控故障光字灯亮；发现监控故障时，可关闭监控电源的开关重新启动，若故障仍未消除，应通知厂家维修。

当监控器故障或关闭时，模块将自主工作，仍可维持直流屏的工作。此时，可通知厂家维修。

3. 熔断器的维护

直流屏中除二次回路配备熔断器外，最为关键的是蓄电池熔断器。注意：当熔断器上级蓄电池直流断路器因短路跳闸而熔丝未断，在检修消除故障后，也应将“＋”“－”极的熔断器换新（因短路电流已通过熔断器的熔丝，可能造成熔丝的局部熔化，造成熔断器的熔断电流减小，在冲击负荷电流下造成误动作）；应在大修后检查熔断信号器微动开关动作是否正常和作报警试验。

第三节　直流系统的运行与维护

一、直流系统的运行

设备在运行中，运行人员每天要检测系统上各装置（高频开关电源模块、微机控制单元、绝缘检测装置、电池巡检装置等）显示参数，包括系统交直流电压、电流等。

定期检查系统上的各个装置的参数定值是否正常；检测各馈出开关是否在正常位置，熔断器是否工作正常；对于一个站使用两套或以上充电装置，每天要巡视各母联开关位置是否正常；一般情况下，一组电池一套充电机；定期对蓄电池进行外观检测，检查连接螺钉有无松动；定期检查各组蓄电池浮充电流值；定期检查蓄电池端电压和环境温度等。

（一）蓄电池的巡回检查

（1）蓄电池室通风、照明及消防设备完好，温度符合要求，无易燃、易爆物品。

（2）蓄电池组外观清洁，无短路、接地现象。

（3）各连片连接牢靠无松动，端子无生盐现象，并涂有中性凡士林。

（4）蓄电池外壳无裂纹、漏液，呼吸器无堵塞，密封良好，电解液液面高度在合格范围。

（5）蓄电池极板无龟裂、弯曲、变形、硫化和短路，极板颜色正常，无欠充电、过充电，电解液温度不超过35℃。

（6）典型蓄电池电压、密度在合格范围内。

（7）电装置交流输入电压、直流输出电压、电流正常，表计指示正确，保护的声、光信号正常，运行声音无异常。

（8）直流控制母线、动力母线电压值在规定范围内，浮充电流值符合规定。

（9）直流系统的绝缘状况良好。

（10）各支路的运行监视信号完好、指示正常，熔断器无熔断，自动空气开关位置正确。

（二）特殊巡视检查项目

（1）新安装、检修、改造后的直流系统投运后，应进行特殊巡视。

（2）蓄电池核对性充放电期间应进行特殊巡视。

（3）直流系统出现交、直流失电压，直流接地，熔断器熔断等异常现象处理后应进行特殊巡视。

（4）出现自动空气开关脱扣、熔断器熔断等异常现象后，应巡视保护范围内各直流回路元件有无过热、损坏和明显故障现象。

二、直流系统的维护

定期清扫保持设备整洁，定期测试、试验，最好一年一次；进行各装置参数实际值的测量，装置显示值误差调整，定期检查各个装置参数设置值。单模块输出电压调整校准；各个装置报警功能试验，同时检测各个硬接点输出是否正常。具体实验如下：

（1）输出电压调节范围，进入参数设置屏，将浮充电压设置为电压下限，均充电压设置为电压上限。在浮充状态，充电机输出电压将自动调到输出电压下限，在均充状态，充电机输出电压将自动调到输出电压上限。

（2）输出限流试验，进入参数设置屏，按要求设置好参数，用假负载或蓄电池组放电后，在均充状态下进行试验，充电机输出电流应限制在设置值。

（3）告警功能调试。

1）充电机无输出：拉开所有电源模块，监控器由蓄电池组供电，监控器应告充电机无输出。

2）交流输入过欠电压：拉开交流输入开关，监控器由蓄电池组供电，监控器应告充电机无输出和交流输入欠电压。

3）母线过欠电压：设置母线过欠电压告警值，使其在充电机输出电压调节范围内，在浮充或均充状态相互切换下，看告警是否正确。

4）接地告警：用2～5kΩ电阻分别将正或负母线接地，看接地告警是否正确。若有支路接地告警检测，用同样方法检测支路接地告警。

5）空气开关脱扣告警：人为使某路开关脱扣，监控器应告空气开关脱扣。

6）熔断器熔断告警：人为压下熔丝熔断微动开关，监控器应告空气开关脱扣。

（4）其他试验。包括微机监控单元自动控制功能试验；绝缘检测模拟接地告警试验；如果系统具有该项功能电池巡检仪应该单只电压校准检查；降压装置手动、自动试验；监控装置手动均浮充转换试验；电池的定期充放电实验。

三、直流系统常见故障及原因

1. 交流过、欠电压故障

（1）确认交流输入是否正常。

（2）检查交流输入是否正常，检查空气开关或交流接触器是否在正常运行位置。

（3）检查交流采样板上采样变压器和压敏电阻是否损坏。

（4）其他原因。

2. 空气开关脱扣故障

首先检查直流馈出空气开关是否有在合闸的位置而信号灯不亮，若有确认此开关是否脱扣。

3. 熔断器熔断故障

（1）检查蓄电池组正负极熔断器是否熔断。

（2）检查熔断信号继电器是否有问题。

4. 母线过、欠电压

（1）用万用表测量母线电压是否正常。

（2）检查充电参数及告警参数设置是否正确。

5. 母线接地

（1）先看微机控制器正对地或负对地电压和控母对地电压是否平衡。如果是正极或负极对地电压接近于零，一定是负母线接地。

（2）采用高阻抗的万用表实际测量母线对地电压判断有无接地。

（3）如果系统配置独立的绝缘检测装置可以直接从该装置上查看。

6. 模块故障

（1）确认电源模块是否有黄灯亮。

（2）电源模块红灯亮表示交流输入过、欠电压，或直流输出过、欠电压，或电源模块过热，因此，首先检查交流输入及直流输出电压是否在允许范围内，检查模块是否过热。

（3）当电源模块输出过压时将关断电源输出，只能关机后再开机恢复。因此当确认外部都正常时，关告警电源模块后再开电源模块，看电源模块红灯是否还亮，若还亮则表示模块有故障。

7. 绝缘检测装置故障

检查该装置工作电源是否正常。

8. 绝缘检测报母线过、欠电压

首先检测母线电源是否在正常范围内，查看装置显示的电压值是否同实际不一样，以上都正常则可能装置内部有器件出现故障，需要厂家修理。

9. 绝缘检测装置报接地

首先看故障记录，确认哪条支路发生正接地还是负接地，其电阻值是多少，然后将故障支路接地排除。

10. 电池巡检仪报单只电池电压过、欠电压

首先查看故障记录，确认哪几只电池电压不正常，然后查看该只电池的保险和连线有无松动或接触不良。

11. 蓄电池充电电流不限流

（1）首先确认系统是否在均充状态。

（2）其次充电机输出电压是否已达到均充电压。若输出电压已达到均充电压则系统处在恒压充电状态，不会限流。

（3）检查模块同监控之间的接线是否可靠连接。

四、蓄电池和直流故障处理

（一）防酸蓄电池故障及处理

（1）防酸蓄电池内部极板短路或开路，应更换蓄电池。

（2）防酸蓄电池底部沉淀物过多用吸管清除沉淀物，并补充配置的标准电解液。

（3）防酸蓄电池极板弯曲、龟裂、变形，若经核对性充放电容量仍然达不到80%以上，此蓄电池应更换。

（4）防酸蓄电池绝缘电阻降低，当绝缘电阻值低于现场规定时，将会发出接地信号。且正对地或负对地均能测到电压时，应对蓄电池外壳和绝缘支架用酒精擦拭，改善蓄电池室的通风条件，降低湿度，绝缘将会提高。

（二）阀控密封铅酸蓄电池故障及处理

（1）阀控密封铅酸蓄电池壳体变形，一般造成的原因有充电电流过大、充电电压超过了2.4V×N、内部有短路或局部放电、温升超标、安全阀动作失灵等。处理方法是减小充电电流，降低充电电压，检查安全阀是否堵死。

（2）运行中浮充电压正常，但一放电，电压很快下降到终止电压值，一般原因是蓄电池内部失水干涸、电解物质变质。处理方法是更换蓄电池。

（三）直流系统接地处理

220V直流系统两极对地电压绝对值差超过50V或绝缘电阻降低到25kΩ以下，24V直流系统任一极对地电压有明显变化时，应视为直流系统接地。直流系统接地后，应立即查明原因，根据接地选线装置指示或当日工作情况、天气和直流系统绝缘状况，找出接地故障点，并尽快消除。

使用选线法查找直流接地时，至少应由两人进行，断开直流时间不得超3s。选线检查应先选容易接地的回路，依次断开闭合事故照明、防误闭锁装置回路、户外合闸回路、户内合闸回路、6kV和10kV控制回路、其他控制回路、主控制室信号回路、主控制室控制回路、整流装置和蓄电池回路。

蓄电池组熔断器熔断后，应立即检查处理，并采取相应措施，防止直流母线失电。当直流充电装置内部故障跳闸时，应及时启动备用充电装置代替故障充电装置运行，并及时调整好运行参数。

直流电源系统设备发生短路、交流或直流失电压时，应迅速查明原因，消除故障，投入备用设备或采取其他措施尽快恢复直流系统正常运行。

蓄电池组发生爆炸、开路时，应迅速将蓄电池总熔断器或空气断路器断开，投入备用设备或采取其他措施及时消除故障，恢复正常运行方式。如无备用蓄电池组，在事故处理期间只能利用充电装置带直流系统负荷运行，且充电装置不满足断路器合闸容量要求时，应临时断开合闸回路电源，待事故处理后及时恢复其运行。

（四）直流电源系统检修与故障和事故处理的安全要求

（1）进入蓄电池室前，必须开启通风。

（2）在直流电源设备和回路上的一切有关作业，应遵守 Q/GDW 1799.1—2013《国家电网公司电力安全工作规程　变电部分》中的相关规定。

（3）在整流装置发生故障时，应严格按照制造厂的要求操作，以防造成设备损坏。

（4）查找和处理直流接地时工作人员应戴线手套、穿长袖工作服。应使用内阻大于2000Ω/V 的高内阻电压表，工具应绝缘良好。防止在查找和处理过程中造成新的接地。

（5）检查和更换蓄电池时，必须注意核对极性，防止发生直流失电压、短路、接地。工作时工作人员应戴耐酸、耐碱手套，穿着必要的防护服等。

第八章

水电厂监控系统

第一节　水电厂监控系统的作用和组成

微机监控系统在水电厂中的应用，不仅可以保证水电厂安全稳定的运行，而且还能降低管理成本，实现水电厂的无人值班和少人值守，提高了水电厂的工作效率，监控系统还可以连接到 MIS 信息平台，成为水电厂非常关键的组成部分。同时，微机监控系统具备了实时性、可靠性、方便维护以及安全等优势，为水电厂的高效运行奠定了基础。

一、微机监控系统的基本组成

水电厂的微机监控系统主要由主站级与现地控制单元（LCU）组成，通过不同的网络设备以及通信介质相连。

主站级一般备有多台计算机，辅助设备有打印机、不间断电源、调制解调器以及同步对时装置等，可实现水电厂的无人值班。

水电厂机组的 LCU 主要由 PLC、控制开关、同期装置、转速信号装置以及剪断销信号装置等组成，对于水电厂的全站的信号采集则由数据采集装置集中完成。一般在信息量处理较大的水电厂，还配备有一体化工控机或者是带触摸屏的数字化处理单元。LCU 的主要作用是对水轮发电机组及其辅助设备的监测控制与调节等。

二、水电厂微机监控系统的基本配置

一般水电厂微机监控系统的设备范围是计算机及其相关设备，主要有 PLC、数据集中采集装置、控制开关及仪表、同期装置，以及由主机厂家配套的剪断销信号装置与转速信号装置等。

目前的计算机硬盘容量都非常大，对大容量的信息存储来说就显得十分便捷，再配备刻录光驱，可进行大容量的存盘。一些相关的设备如打印机等一般使用频率非常低，对设备的要求并不高，在水电厂无人值班的情况下，作用不是非常明显，一般来说对于中、小型水电厂来说，配备一台打印机即可满足系统要求。由于计算机以及大部分的外围设备基本上都是采用交流电进行输入的，为了保证在交流电因事故无法供应时能够有效地保证实时的数据信息，基本上都配备不间断电源（UPS）。

三、水电厂微机监控系统功能划分

水电厂微机监控主站级计算机的主要功能是对全厂主设备进行实时的监控、调节、数据注入，并且兼有与上级调度的通信管理功能。

LCU 的主要功能是根据主站级的指令，对水电厂设备进行具体的操作控制，同时，也可以在主站或者是网络故障的情况下，独立的完成设备的具体操控。这类控制可以是自动完成或者是手动完成。

水电厂微机监控系统的通信可以分为两类，一类是内部通信，另一类是外部通信。内部通信指的是主站级的工作站、服务器、现地级 LCU、励磁装置以及自动保护装置等之间的信息的交流；外部通信指的是水电厂的微机监控系统与上下级进行调度、水库与阀门监控、水情监控系统、大坝监测系统以及船闸视频监控系统之间的信息交流等。

第二节 微机监控系统主站

水电厂微机监控系统主站主要由以下几个部分组成：主控级服务器、操作员站服务器、工程师站服务器、通信处理机、GPS 时钟子系统、网络交换设备等。

一、微机监控系统主站的组成

（一）主控级服务器

主控级服务器主要负责数据存储和处理，主要是处理各现地控制单元或其他专用服务器和通信机传来的实时数据，并按相关要求存储，形成历史数据和报表。

主控级服务器一般采用主/备冗余配置。配置 2 台主控级服务器，采用负载均衡的集群方式工作。当一台数据采集服务器故障时，另一台服务器应满足所有数据存储处理要求。支持主/备通道的自动切换，同时具有主/备通道的监视功能。

（二）操作员站服务器

操作员站服务器主要承担实时监控的处理。作为运行人员的操作人机接口，可实时显示各种监视和操作画面，以及推出必要的故障处理指导。具有运行人员控制操作权限。

电厂一般配置 2 台操作员站服务器，采用主/备冗余热备用方式工作，硬件配置应满足实时数据监控的功能和性能要求。

（三）工程师站服务器

工程师站服务器主要用于系统功能的测试和整个系统的维护等，由电厂专业维护人员使用，可长时间关机。具有系统管理员操作权限。

（四）GPS 时钟子系统

GPS 时钟子系统配置 1 套 GPS 时间接收对时装置，系统可够接收 GPS 的标准时间。

（五）通信处理机网络交换设备

通信处理机用于实现和管理监控系统与调度数据网、MIS、水情测报系统等的网络互联和计算机通信。

一般配置 1 台厂内通信服务器，完成与模拟屏、MIS 系统、水情测报系统等通信。

二、监控系统具备的基础功能

（一）操作、控制和调节功能

运行人员可以通过中央控制室控制台上的显示器、键盘和鼠标等，对监控对象进行控制与调节。具体内容如下。

（1）对单台被控设备进行人工控制与调节。

（2）机组启动、停机及顺序控制。

（3）水轮发电机组的同期并网。

（4）机组有功功率、无功功率和电压调节。

（5）AGC的投/切，AVC的投/切。

（6）进水口快速闸门的提升和关闭。

（7）自动发电控制（AGC）具有如下功能。

1）在规定的调频容量范围内执行调频任务，即按系统调度给定的日符合曲线调整功率，按运行人员给定总功率调整功率，按频率给定调整功率。

2）监控系统可根据给定的功率值计算当前水头下电站最佳运行机组数，根据电站供电的可靠性、水轮发电机组当前安全和经济状况，确定应运行机组台号和机组间的负荷分配，实行最优。最优化的目标是在满足给定总功率的条件下机组发电耗水最低，并避免气蚀振动区，同时避免频繁启停机组、频繁的功率调整操作。

3）机组间的功率分配可按如下方式进行：①各机组间等功率或等开度分配方式；②按等微增率的原则分配功率；③最小响应时间分配方式；④或其他更好的分配方式。

（8）自动电压控制（AVC），其具有如下功能。

1）按系统调度给定的电厂高压母线电压日调节曲线进行调整。

2）按运行人员给定的高压母线电压值进行调节，使其在规定的范围内。

3）按发电机出口母线电压给定值进行调节，保证机组无功出力及端电压在稳定运行的范围内。

4）按机组额定无功容量或功率因数进行调节。

（二）运行监视操作和报警处理

在电厂中央控制室内，运行人员可以借助于标准键盘、屏幕显示器、鼠标等人机联系设备，能方便、直观地监视电站设备的运行情况。

1. 运行监视的主要内容

（1）水轮发电机组的各种运行工况，包括机组在备用、运行、调相和检修等。机组运行时的各种参数，包括机组的有功功率，无功功率，发电机定子电流、电压，发电机转子电流、电压，以及机组功率因数等。

除了电气量外，还可以监视机组各部轴承的瓦温，油温，震动和摆度，油位，油压，水压，以及流量等非电气量参数。

（2）水轮发电机组辅助设备运行情况。这些辅助设备包括机组油压装置的压油泵运行方式及机组顶盖排水泵的运行方式等。这些设备在“自动”或“备用”状态。

（3）断路器、隔离开关及接地开关位置。通过监控系统可以看到全厂主机、线路、厂用电等各高压断路器、隔离开关及接地开关的位置状态，是在“合闸”或“分闸”。

（4）线路运行工况及传输功率。包括线路的有功功率和无功功率，以及线路的电流等参数。

（5）公用设备运行的工况。包括全厂的各种排水泵的运行方式、状态，风泵的运行方式、状态等。还可以监视检修和渗漏集水井的水位，全厂中低压风系统的压力等。

（6）厂用电运行方式。监视是正常的运行方式还是特殊的运行方式。

（7）机组快速闸门位置。如果快门发生下滑，能监测到下滑的高度。此外，还能监视水库的上游水位和机组的尾水水位。

运行人员可通过键盘或鼠标选择并打开各种画面显示。对于电厂运行监视所需的各种数据及设备运行状态，均可以画面格式在主控级计算机系统的显示器上进行显示。

2. 设备的操作

设备的控制也在相应的操作画面上进行，如机组开、停机，开关合、分闸，机组负荷调整等。画面内容清晰、直观、便于监视和改善动态特征。可以显示的主要画面包括如下几类。

（1）各类菜单画面。主要有公用的油、水、风系统设备的操作画面。可通过此类画面对各种设备进行状态的切换，例如将水泵由自动位置切换到备用位置等。

（2）电厂电气主接线画面。包括电厂主系统开关站接线和厂用系统接线的各设备位置状态、测量值，主变压器各侧电流、有功功率、无功功率，母线电压、母线频率，各条线路的电流、有功功率、无功功率等。

通过该画面可对各断路器和隔离开关进行远方分合闸操作，操作后该设备的位置状态显示相应的变化，同时，画面上的电气量也应有相应的变化。但有一点要说明，通过监控系统对设备操作后，如果条件允许，应到现场检查设备的实际位置。

（3）机组控制和操作画面。这些画面包括机组单线图、位置状态，机组运行状态顺序监视，机组的风、水、油等主要辅助状态监视，发电机电压、电流、有功功率、无功功率、励磁电流、励磁电压、导叶开度、导叶开度限制等测量值。

通过该画面可以实现发电机组的控制和开停机、并解列、发电和调相工况的转换，还可以进行机组有功负荷和无功负荷的调整。

3. 事故、故障和事件记录画面

该画面可以显示电厂主设备、辅助设备和系统的各种故障和事故。包括事故、故障状态、故障级别、故障说明、出现时间及恢复时间等，其中，严重故障画面优先显示。故障和事故可永久保存在服务器内，以备随时查询。

事件记录主要有设备操作的时间，自动或备用设备切换及启停的时间等。

4. 其他画面显示

（1）温度监视画面。温度监视画面主要是指机组运行温度画面，包括水轮机轴承温度、发电机轴承温度、发电机定子绕组温度和变压器温度画面等。

（2）各类生产报表显示。生产报表主要是指发电机、变压器和线路的设备的有功电量、无功电量等。报表有按每小时一报的小时报表，也有按日、月、年报的日、月、年报表。报表可以是单台机组的电量，也可以是全厂机组共同的发电量。

（3）事故处理指导显示。画面给出典型事故或故障的处理方法和流程，以方便运行人员进行事故和故障的处理。

（4）全厂油系统图。包括公用油系统图和单台机组油系统图。

（5）技术供水和消防供水系统图。包括公用水系统图和单台机组水系统图。

（6）压缩空气系统图。包括全厂公用的中压（油压装置）用风系统图，机组加闸用风系统图，以及检修吹扫用风系统图。

(7) 闸门控制和操作画面，包括进水口各快速闸门、大坝闸门的控制操作状态，以及闸门位置等。

以上显示的图像和参数均是动态的，并随着输入信号的状态改变而改变颜色的数值以及闪光。

第三节　下位机计算机监控系统的功能要求

一、机组LCU的功能

各机组LCU分别布置在发电机层的机旁，其监视对象为相应的水轮机及辅助设备，发电机及辅助设备，出口断路器，主变压器和水口快速闸门等。其主要功能有数据采集与处理，控制与调节，显示监视和通信功能。

(一) 数据采集与处理

机组控制单元应完成对监控对象各种模拟量、开关量和脉冲量的采集和处理工作。数据采集主要有如下几种。

1. 电气量模拟量的采集

对发电机的定子三相电流、三相电压、有功功率、无功功率、频率、励磁电流、励磁电压等进行循环检测，交流采样。

2. 非电量模拟量的采集

对机组转速、机组震动摆度、导叶开度、蜗壳压力、尾水压力、净水头、水轮机流量、总冷却水压力、各轴承冷却水压力、各轴承油槽油位和变压器温度等非电量进行定期采集。其采集设备主要是压差或压力变送器，以及一些传感器等。

3. 温度量的采集

设置一套温度巡检装置对水轮机导轴承，发电机导轴承，推力轴承的瓦块及油槽，空气冷却器，发电机定子A、B、C三相线圈，以及发电机定子铁芯等温度进行检测。装设的电阻及温度巡检装置可以对上述温度量进行查看。

4. 报警信号、状态信号的采集

对水轮机的机械保护和发电机、变压器电气保护的事故和故障报警信号以及设备的过程状态信号进行检测。对水轮发电机组的辅助设备、微机调速器、微机励磁调节器等的状态信号进行检测。

(二) 控制和调节

机组控制单元主要完成下列控制和调节：机组现地/远方控制方式设置，机组的正常自动开机和停机控制，机组紧急停机控制，机组事故时快速停机控制，机组出口断路器、隔离刀闸的分合控制，机组辅助设备、压油装置、灭火装置、吸尘装置的启/停控制等。在LCU设置一套微机型自动准同期装置，自动准同期装置完成的功能有：自动选择检查同期条件、安全闭锁非同期条件、同期条件判别。在LCU还设置了一套非同期并列闭锁装置，防止机组非同期并列。在LCU设置一套手动微机同期装置，能够独立运行，手动操作机组同期并列。

现地单元还能完成机组有功功率调节、无功功率调节及电压调节，各种整定值和限值的设定等功能。机组 LCU 接收主控级发来的指令完成上述控制。机组 LCU 可进行面板控制操作及现地显示控制操作。LCU 设有远方控制方式和现地控制方式切换开关。现地控制方式分为现地自动控制、现地手动控制。现地手动开停机控制设备设置在本机组控制单元中，并能使用 LCU 的控制操作面板进行控制操作。

（三）显示监视

LCU 可以对发电、调相、备用、投入、切除等设备状态进行显示，还对设备的事故故障等进行报警显示。LCU 还有电量、非电量等参数显示。

（四）通信功能

LCU 连接在通信网络上，具有主控级计算机的通信功能。定时、随时或根据主控级指令向主控级传递所需的全部信息，也可接受来自主控级的所有信息。在故障或事故情况下，应能及时向主控级传送故障或事故信息。主控级的同步时钟信号来自卫星时钟，机组控制单元及其 PLC 应能接受主控级的同步时钟信号，并可脱离主控级独立运行。机组 LCU 与微机励磁调节器通信，设置 I/O 空接点和串行通信接口，实现与自动电压调节装置的数据通信功能。机组 LCU 与微机调速器通信，设置 I/O 空接点和串行通信接口，实现与自动转速调节装置的数据通信功能。

此外，温度巡检装置的接口还可以接受机组温度信息，提供与交流采集装置的接口，以接受电气量信息。

（五）自诊断功能

机组现地控制的自诊断能力能诊断出下列硬件故障。

（1）CPU 模件故障。

（2）I/O 控制模板故障。

（3）接口模件故障。

（4）通信控制模件故障。

（5）电源故障。

机组 LCU 的软件自诊断能诊断出故障软件功能块及故障性质。

（六）进水口快速闸门控制

每一台水轮发电机组的进水口前都设有快速进水口闸门，进水口快速闸门由现地控制系统控制，LCU 能接入闸门的开启和关闭电气控制回路，实现远方、现地控制，即在现地控制单元上就可实现现地和远方开启、关闭闸门。

二、公用设备 LCU 级的功能

公用设备 LCU 一般布置在发电机层，其监控对象为厂用电交流系统、厂用直流系统、厂内渗漏检修排水系统、中低压气系统、主变压器冷却系统等，其主要功能如下：数据采集与处理，控制和显示，通信和自诊断。

（一）数据采集与处理

公用设备 LCU 完成 10.5kV、400V 厂用电和用电系统的各种模拟量、开关量、电度量的数据采集，并将采集的信息上送主控级并在 LCU 上提供必要显示。

实时采集被控对象的状态量，采集到设备状态变位时，向上传送变位信息，刷新数据库内相应的参数，记录设备的启停次数和运行时间。

实施采集报警量、顺序记录报警事件发生时间、时间性质等，及时向主控级传递报警信息，并在 LCU 上提供必要的显示。

累加有功电度量，上送主控级并在 LCU 上提供显示。

（二）控制、监视和显示

公用设备 LCU 对厂用电和用配电交流系统 10kV、400V 开关进行分/合控制。公用设备 LCU 对厂用电和用配电交流系统、厂用直流系统、厂内渗漏检修排水系统、中低压气系统、主变压器冷却系统等运行状态及事故/故障情况进行自动监视。若各公用系统设备现地 PLC 与本系统设备 LCU 采用通信接口连接时，其计算机监控系统根据各公用系统设备现地 PLC 厂家提供的通信规约和协议，完成转换工作，以实现监视功能。公用设备 LCU 上有必要的参数显示，并能进行现地操作。

第九章

水电站运行管理制度

第一节 运行值班管理

一、交接班管理制度

运行交接班制度是保证电站安全、经济、连续运行的重要制度，各运行岗位人员必须认真贯彻执行。交接班必须正点进行，全值统一，严肃认真，以岗交接。交接班的时间和各值交接顺序可按本厂实际确定。值班人员应衣着整齐、精力充沛，上班前8h内喝酒或精神状态明显不佳值班者，值长应令其退出现场，并将此情况及时汇报运行部负责人。因个人原因或工作需要，值班人员可以互相换班或替班，但必须遵守有关规定，替换班的两个人的工作能力和经验应相近，禁止连续值班。

交班前20min值班员向值长汇报设备运行状况，交班值必须对本班的工作情况作详细记录，对所负责的卫生区域进行清扫。接班人员必须提前15min到达值班现场，按岗位进行对口交接，查阅前、后台记录，询问情况，重点检查了解下列情况。

（一）接班人员重点检查的内容

（1）系统、设备运行方式。系统运行方式包括主系统和厂用系统的运行方式。系统运行方式对事故处理和倒闸操作至关重要，因此在交代时一定要准确、完整，并使每一个接班人员做到心中有数。

设备运行方式是指主设备和辅助设备的运行方式，如设备在“手动”或“自动”，“运行”或“备用”等。

（2）设备的运行情况。设备的运行情况主要是指设备否存在缺陷，设备运行或备用有无异常情况等。

（3）设备检修安全措施的布置情况。设备检修前，运行人员按工作票中安全措施布置的要求，做好措施。以保证人身和设备的安全。设备的隔离情况，地线和接地刀闸的位置，安全遮栏的布置，附近带电设备的位置和其他注意的事项，以上内容在交接班时一定要交代清楚，接班人员必须准确掌握。

（4）检查安全工器具、钥匙、备品情况及规程、图纸等有无短缺或损坏，若有应及时向交班人员提出并作好记录，否则一经接班，接班者对其负全部责任。

（5）对中控室、交接班室卫生进行检查，发现卫生不合格时，必须及时向交班人员提出，待清扫干净后再接班，否则一经接班，接班人员负全部责任。

(6) 调度命令及上级领导的各项指示。如交班值在值班期间，上级调度下达的操作指令、负荷调整和潮流监视等命令。领导指示是指在值班期间，本单位上级领导为保证安全生产和文明生产对运行值班人员提出的一些要求和指示。

(7) 设备异常或有新设备投入运行后，必须到现场进行交接，否则，因交接不清发生问题，除交班人员无交代和记录外，一般情况下，由接班人员负全部责任。

(二) 交班人员和接班者到现场查看的内容

交班人员应向接班者详细介绍设备运行方式、设备异动、本班的操作、存在的问题等情况，并和接班者到现场查看设备重大缺陷；工器具、钥匙及公用图纸资料等；出现异常后的设备等。

(三) 交接班时不应接班的情况

(1) 未做好交班准备工作不接班（如记录不清、交代不明、心中无数）。

(2) 在事故处理或倒闸操作过程中不接班。但是当事故处理或倒闸操作告一段落时，接班后的继续处理或操作能保证安全时，也可以接班。

(3) 工具、资料不全不接（如钥匙、工具、图纸、资料、运行日志、双票、各种记录等）。

(4) 设备或值班室、中控室等场所卫生不合格时不接班。

(5) 上级通知或命令不明确，或有其他明显妨碍设备安全运行的情况不接。

在交接班过程中发生事故时，应由交班人员负责处理，接班人员予以协助，但应服从交班值长的指挥。

例如，某电站运行人员在交接班的过程中，突然出现了10.5kV系统接地警报，此时，交接班工作应当立即中止。交班值值长安排本值内相关人员对报警进行检查和处理，如果本值人员人手不足，可安排接班值人员协助处理。一般情况下应待故障全部处理完成后方可继续交班工作，并将此次故障处理的全过程，作为交班内容的一项向接班值交代清楚。

如果交班值在发现设备存在异常时，为了尽快完成交接班进行隐瞒，致使接班值无法及时了解设备运行状况，对安全生产极为不利。以上为例，交班值隐瞒了10.5kV系统接地警报，接班值在接班后又没有及时发现，将使系统长时间的接地运行。由于接地期间设备对地电压升高，若设备绝缘存在隐患时，极易造成短路事故，使简单的设备一点接地故障变成设备短路事故。

交接班工作完成后，先接班值长在接班签名处签名，后交班值长在交班签名处签名，交接手续方告正式完毕。交接责任划分，以接班者签字为限。

接班值长发出接班令后，交班人员方可离开现场。接班值长在接班后应及时召开班前会，向值班员安排工作，交代有关安全注意事项。

二、监盘管理

监盘工作是运行人员的重要职责，是保证运行设备、电力系统安全、稳定、经济运行的重要环节。设备运行参数的监视、调整和发现异常警报的及时汇报，是对监盘工作的最基本要求。监盘工作的有关规定如下。

(1) 值班员单独监盘时，不允许中途离开岗位。如果因故必须离开，应报告值长安排其他人员替代。

（2）监盘时必须坐姿端正、规范，精力集中。

（3）监盘时不准和他人闲谈，不准看书报及做与工作无关的事情，不准无关人员不得打扰监盘人员。

（4）监盘人员应认真监视各种参数的变化情况，做到调整及时，动作灵敏，加减适量，保证各种运行参数在允许的范围内，及早发现报警和异常情况并及时汇报、处理。

监盘必须做到勤监视、勤联系、勤调节，时刻注意参数变化，当参数超限时要注意及时调整，并向值长汇报。调整时，要注意调节特性，防止越限调整、看错表计等而引起异常情况。表计稳定后，方可认为调整结束。在调整一台机负荷时，要注意另一台机组各表计的变化。

（5）监盘工作应轮流进行，监盘人员应了解和注意盘面和控制台表计指示、信号灯、光字信号、切换开关位置等。监盘人员轮换时，交盘者必须交代清楚，使接盘者做到心中有数，接盘后应全面检查一次报警信息。

监盘交接时，双方必须交接清楚下列事项：系统及主设备运行情况和注意事项；调度和上级领导有关指示；设备有哪些影响安全运行的缺陷；大坝上、下游有何要求等。

（6）发生事故或异常时，监盘人员应严守岗位，全面判断报警信号变化情况，报告值长，同时按照现场规程规定，及时进行各种调节、处理，尽快排除事故，恢复正常运行。

（7）监盘人员必须经过技术考试合格获得批准后，方可独立担任监盘工作。

三、设备巡回制度

巡回检查是经常掌握设备运行健康状况，积累运行第一手资料，及时发现设备异常，排除设备隐患，防止设备事故，保持发电设备安全经济运行必不可少的重要制度。

运行人员必须按照本厂有关巡回制度的规定，认真进行巡回检查，巡回检查分为定时检查与重点检查两种，独立巡回的运行人员必须经本单位考试合格，由分厂领导下令后方可进行。

巡回检查分为两种：①定时巡回检查，指运行人员每班至少两次的周期性巡回检查；②重点巡回检查，针对设备特点和运行方式情况、负荷情况、自然条件的变化等所增加次数的巡回检查。

巡回检查按岗位专责制由独立值班的人员或经过考试合格的人员进行。值班人员有事离开工作岗位，应由值长或副值长指定他人代行检查。原值班人员回到岗位后应及时了解设备巡视情况，并进行必要的重点复查。

（1）巡回人员的巡回检查中应做到如下几点。

1）巡回检查时要思想集中，认真地看、听、嗅、摸，高度注意有无异常情况，做到及时发现设备异常，及时汇报，并进行正确的处置。

2）巡回人员应了解设备的特性及其与系统的关系，了解设备正常时的温度、振动和音响，熟知阀门和挡板的开度，仪表指示在不同负荷时相应位置。

3）巡回人员进入危险区域或接近危险部位（如高温、高压、有毒气体等）检查时，应严格执行有关规程规定的安全事项。在进入或离开上述区域时应及时向值长报告。

4）巡回时，要注意与带电设备保持足够的安全距离，绝对禁止触及转动机械的旋转部分，必要时可在切换备用辅机后检查。

5）巡回人员应带有对讲机、手电筒等必要的器具，以保证检查质量。

6）巡回检查时，应严格检查运行设备的各参数在规定的范围内，若发现设备超参数运行或有异常及疑问，应加强监视，分析原因，并及时向副值长或值长汇报，并按副值长或值长的指示处置。在紧急情况时，可以先处理、后汇报。

（2）设备或系统停运后检修时，巡视人员应检查现场安全措施有无变动，安全标示牌是否齐全，与运行部分相关的隔离是否可靠。

（3）巡视人员除检查规定项目外，对巡视路径的公用系统、厂房建筑、安全措施亦应注意有无异常情况。

（4）遇下列情况时，巡回人员在巡回检查时应进行重点检查。必要时另行安排重点巡回检查，派专人监视或减少巡视间隔时间。

1）大修后试运行阶段。

2）新设备投入试运行。

3）存在缺陷的运行设备或出现频发性故障的设备。

4）上一值交班的设备异常情况或注意事项。

5）处于特殊运行方式或恶劣条件下运行的设备。

6）自然条件变化（如高温、暴雨、雷击、大风等）。

7）主任、专工有命令通知，或值长、副值长、值班员认为有必要时。

（5）机组启动、停机或事故时，或由于运行操作繁忙而不能按定时检查规定进行巡回检查时，可由值长或副值长决定临时变更巡视时间或省略部分巡视项目。

（6）机组发生事故时，巡视中的巡回检查人员应立即中止巡视，返回主控室或到就地设备，参加事故处理。

（7）副值长外出重点检查时，值长必须留在主控室，正副值长不准同时外出进行巡回检查。

运行部领导应经常到现场了解设备运行状况并抽查巡视检查质量，加强考核。全体值班员应不断总结经验、互相学习，提高巡回检查质量和业务水平。

四、设备定期试验与切换制度

运行设备定期试验和定期切换制度是保证电站安全生产、随调随启的重要制度，各运行岗位人员必须认真贯彻执行。

（一）设备定期试验与切换制度的一般要求

（1）运行设备定期试验和定期切换工作项目的时间周期和操作内容应由分厂下发到每个值，所有值班人员必须熟知其内容，并遵照执行。

（2）设备定期试验、切换是及时发现设备能否正常运行的重要工作。

（3）运行各值应按设备定期试验与切换表按时完成。

（4）在进行设备试验及切换时应考虑好相应的安全措施，并做好预想。

（5）若在当班期间无条件进行时，应找适当时机进行，但不得拖延超过本值值班时间。

（6）执行定期试验及切换工作后应在记录簿上注明完成时间及完成人。

（7）若某项试验或切换因故无法进行时，应在备注栏内注明，并通知有关检修班组。

（二）设备定期试验与切换的主要内容

因每个发电厂设备有所不同，故设备定期试验与切换的主要内容也有所不同。但各厂的定期工作基本上应包括以下内容。

（1）变压器风冷切换。根据变压器的容量不同，风冷变压器一般有几组冷却器。冷却器根据需要分别工作在运行和备用状态。为使冷却器都能运行一段时间，需要定期进行切换，一般每月切换两次，分别在每月 1 日和 16 日进行。

（2）机组压油泵切换。为保证机组安全可靠运行，每台机组都设有两台压油泵，一台在运行，一台在备用。压油泵每月切换两次，分别在每月 1 日和 16 日进行。

（3）机组备用水投入试验。为保证机组技术供水的可靠性，技术供水都设有备用水。为确保在主供水发生故障时备用水能及时可靠的投入，需做此试验。试验周期一般是每月一次。当冬季气温较低时，应增加试验次数，以便及时发现备用水管路是否结冰。

（4）排水泵、风泵切换。每月切换两次，分别在每月 1 日和 16 日进行。

（5）水泵测绝缘。水泵一般安装在厂房的最底层，其工作环境较为潮湿。备用水泵因长时间不启动，绝缘受潮降低的可能性很大。因此需要每月测量一次备用水泵电机的绝缘。如果发现绝缘下降，应将备用泵改为自动泵运行。若绝缘大幅度下降，危及水泵的运行安全时，应将水泵停电，采取措施进行干燥。

（6）机组冷却水滤过器清扫。机组冷却水滤过器清扫是为了及时清除滤过器中的杂质，确保水系统安全运行。如果滤过器带自动清扫功能，则此项工作不用进行。若无此功能，应每月清扫两次，分别在每月 1 日和 16 日进行。

五、运行管理制度

（1）值长是运行当值的最高指挥者，所有运行操作都必须服从值长的统一指挥，严肃生产调度纪律，保障生产指挥系统畅通，正确处理运行中发生的异常情况，确保设备安全经济运行。

（2）与调度的电话联系要文明用语，尽可能用标准普通话，要互通单位和姓名，使用标准调度术语和设备双重名称，字句清晰，调度的命令应复诵无误后执行，并做好记录，执行完毕后立即汇报执行情况。

（3）全体运行人员必须按规定的倒班秩序进行倒班，值班员的替班或换班必须经值长批准，值长需经运行主任批准。

（4）值班时间内不做与值班无关的工作，不准看非专业的书刊、杂志，不许打盹、睡觉。

（5）值班人员监盘时要集中精力，密切监视表计变化和屏幕显示，按调度要求及时调整各参数，使设备安全经济运行。

（6）遇有上级领导检查工作时，除监盘人员外，其余人员要起立，值长简要汇报工作情况，态度和蔼，注意文明礼貌。

（7）值班人员离开工作岗位时，必须事先征得值长同意，并说明去向。工作结束后立即返回值班岗位，并向值长汇报。值长因故离开控制室时，由正值班员代替值守权。

（8）进入中控室的人员必须衣冠整洁。电站人员一律按规定着装，佩戴胸卡（现场操作时不得佩戴胸卡）。中控室内禁止大声喧哗，不得做与工作无关的事情。

（9）中控室内严禁吸烟和乱扔杂物；操作盘面不准放茶杯等物品；不准在操作台前吃

饭等。

（10）进入中控室的人员不得与值班员闲谈或触动设备，检修人员办理工作票应在室内指定位置。

（11）凡不符合上述要求的人员进入中控室或中控室内有碍安全运行的活动不听劝阻者，值长有权命令其退出中控室，情节严重者立即通知办公室保卫。

（12）发生事故时，一切与事故处理无关的人员应立即离开中控室。

第二节　工作票制度

工作票管理制度是保证人身和设备安全的重要组织措施之一，无论运行人员还是检修人员在工作中必须要严格遵守。

为了保证安全生产，防止事故的发生，在生产现场进行与运行设备系统有关的消缺、检修、安装工作，必须严格执行工作票制度。必须使用工作票办理工作许可手续，工作票签发人、工作负责人、工作许可人必须得到电站有关部门的批准。

一、工作票的分类

工作票按工作时所做的安全措施不同，一般分为电气第一种工作票、电气第二种工作票和机械工作票，工作票由电站主管领导批准的有权签发工作票的人员签发。

（一）电气第一种工作票

在检修等工作中，为保障人身和设备的安全，需将高压设备停电或做措施时，应使用第一种工作票。一般包括以下工作。

（1）高压设备上工作需要全部停电或部分停电者。

（2）二次系统和照明等回路上的工作需要将高压设备停电者或做安全措施者。

（3）高压电力电缆需停电的工作。

（二）电气第二种工作票

在检修等工作中，不需将高压设备停电或做措施时，应使用第二种工作票，一般包括以下工作。

（1）控制盘和低压配电盘“配电箱”电源干线上的工作。

（2）二次系统和照明等回路上的工作，无需将高压设备停电者或做安全措施者。

（3）转动中的发电机、同期调相机的励磁回路或高压电动机转子电阻回路上的工作。

（4）非运行人员用绝缘棒、核相器和电压互感器定相或用钳形电流表测量高压回路的电流。

（三）机械工作票

在水轮发电机组、水工建筑物、水力机械及其辅助设备、设施（如机组进水阀，调速器，水力测量设备，油、气、水系统，机械辅助设备等）上进行检修、试验或安装，需要将生产设备、系统停止运行或退出备用，或需要断开电源，隔断与运行设备的油、气、水等联系的工作。

需要运行人员在运行方式、操作调整上采取保障人身、设备运行安全措施的工作。

二、工作票的有关规定

（1）为了保证设备和人身安全，防止事故发生，凡在运行和备用中的设备上工作都应遵守 Q/GDW 1799.1—2013《国家电网公司电力安全工作规程　变电部分》的规定，凭工作票或调度命令执行。

(2) 工作票必须由工作票签发人签发方才有效。

(3) 工作票签发人须经主管领导批准，由电站下文公布名单。

(4) 工作票签发人应经常了解现场实际情况。熟悉工作负责人、规章制度和设备系统，为填写合格工作票把好关。

(5) 工作票签发人只能签发其职权范围内的工作票。

(6) 工作负责人、工作许可人必须定期考试并合格。由站长审批工作负责人、工作许可人人员资格，运行部、生产技术部予以备案。

(7) 工作票签发人、工作负责人、工作许可人都应熟知 Q/GDW 1799.1—2013《国家电网公司电力安全工作规程　变电部分》的有关条款，对工作票中所列安全措施的实施负责。

(8) 工作票签发人、工作负责人、工作许可人的正式名单应存放在控制室，以便查阅。

(9) 电气第一种工作票应在进行工作前一天交运行值长、其余工作票随到随办。

(10) 值班人员在允许检修、维护作业前，按照工作票逐项做好安全措施，履行工作许可手续后，编号记入工作票登记簿。

(11) 工作中，值班人员有权随时检查工作票的执行情况，如发现无票或未得到运行人员（监护人）许可以及可能危及安全运行的情况时，值长和工作许可人有权收回工作票，停止工作，若继续工作，必须重新履行工作许可手续。

(12) 电气第一种工作票在规定期内未完成，应由工作负责人按规定办理延期手续，电气第二种工作票、机械工作办理延期手续，必要时重新填写工作票，凡未能完成又不及时办理延期手续，而延误送电或开机者应由工作负责人负责。

(13) 检修、维护作业完成后，应按规定进行验收，合格后由工作许可人、值长在工作现场进行交接检查，其交接内容是：

1) 检修、维护人员交代缺陷处理和设备改进情况以及存在的问题，需要在运行中注意的事项并在检修维护交代记录簿上记录，经运行值班负责人认可签字。

2) 运行人员对设备进行外观检查，必要时进行试验。

3) 检修维护设备与周围场地清洁卫生应符合文明生产标准。

(14) 工作票办理结束后，一份交生产技术部存档，一份交运行部保存，工作票保存一年，每月生产技术部统计工作票合格率，并上报安全专责工程师，过期后由生产技术部销毁。

三、工作票填写的一般规定

(1) 工作票应该用微机填写（人员签名、时间除外），打印一式两份，内容正确、清晰，不得涂改。

(2) 工作票中所列的设备名称和编号应规范。

(3) 工作票必须连续编号，不得重号或缺号。

(4) 工作票票面上所设栏目应填写齐全，安全措施栏空余部分应划终止符。

(5) 工作票中在措施执行情况栏内填写“已执行”，不得打钩。

(6) 几张工作票共用的安全措施，应在已终结工作票备注栏内详细注明未完工的工作票编号。

(7) 设备检修时，需检修人员采取的安全措施，在工作票签发时，应注明“检修执行”。

(8) 一个电厂应使用统一格式的工作票。

(9) 工作票由工作负责人或工作票签发人填写，签名应签全名，不允许代签名，特殊情况下工作票签发人无法当面办理时，应通过电话联系并同时在工作票上注明；工作许可、终结等环节的签名不允许计算机签名，必须手工签名。凡出现安全措施遗漏等问题时，由票面签名人负责。

(10) 工作票内容填写应清楚，不得任意涂改，如有个别错、漏字等需修改，应使用规范的符号，禁止使用“同上”“详见”“参照”“……”等省略词语。

(11) 针对错字应将需修改处画一横线，在旁边写上修改内容。针对漏字，将旁边增补的字圈起来连线至增补位置，并画“∧”符号，多余的字应圈起并在字上画双横线。

禁止使用涂改液、刮除等方法进行修改，每份工作票票面修改不得超过3处，其中工作内容、工作地点以及安全措施栏中的设备名称、编号及重要的要求指令等不得涂改。

(12) 安全措施项目必须填写正确完整，不得以填写“参见其他工作票措施”等作为本工作票票安全措施。若确无安全措施，则在其第一行填写“无”，若确无补充措施，则在其第一行填写“无补充”，不得空白不填。

(13) 在填写好安全措施后，如该项目栏还有空余行，则应在其第一个空余行中部起向下划“↯”符号，表示余下空白，同样在已执行栏目中划该符号。

工作票中填写的名词术语和设备双重名称必须符合现场规程和上级调度标准。

(14) 凡涉及时间部分，年份使用四位数，月、日、时、分使用两位数，时钟采用24h制，如2010年06月09日13时00分。

(15) 工作票的指定盖章位置应用红色印章。

四、工作票中相关人员的职责

(一) 工作票签发人的职责

(1) 工作必要性和安全性。

(2) 工作票上所填安全措施是否正确完备。

(3) 所派工作负责人和工作班人员是否适当和充足。

(二) 工作负责人的职责

(1) 正确安全地组织工作。

(2) 负责检查工作票所列安全措施是否正确完备，是否符合现场实际条件，必要时予以补充。

(3) 工作前对工作班成员进行危险点告知，交代安全措施和技术措施，并确认每一个工作班成员都已知晓。

(4) 严格执行工作票所列安全措施。

(5) 督促监护工作班成员遵守本规程，正确使用劳动防护用品并执行现场安全措施。

(6) 工作班成员精神状态是否良好，变动是否合适。

（三）工作许可人的职责

（1）负责审查工作票所列安全措施是否正确、完备，是否符合现场条件。

（2）工作现场布置的安全措施是否完善，必要时予以补充。

（3）负责检查检修设备有无突然来电的危险。

（4）对工作票所列内容即使发生很小疑问，也应向工作票签发人询问清楚，必要时应要求作详细补充。

（四）工作班成员的职责

（1）熟悉工作内容、工作流程，掌握安全措施，明确工作中的危险点，并履行确认手续。

（2）严格遵守安全规章制度、技术规程和劳动纪律，对自己在工作中的行为负责，互相关系工作安全，并监督安全规程的执行和现场安全措施的实施。

（3）正确使用安全工器具和劳动防护用品。

第三节　操作票管理制度

发电厂的倒闸操作是经常进行的，为了加强设备操作的准确性，杜绝误操作事故的发生，确保人身和设备的安全，保证发供电设备的稳定和长期安全运行，在操作中应执行操作票制度。

一、操作票管理内容与要求

（一）操作指挥权限划分

（1）电站机械、电气设备的操作（包括机组正常开停及并解列操作）均应根椐值长命令进行，严格执行操作票监护制，保证操作的质量及正确性。

（2）操作时必须统一指挥、互相配合。各项操作由当班值长指挥（包油、水、风系统的改变）。

（3）操作票执行两级审批制，即监护人、当班值长审核、批准。

（4）对于重大或复杂性操作，值长应组织全值讨论，作为预想制定事故处理预案。

（5）按Q/GDW 1799.1—2013《国家电网公司电力安全工作规程　变电部分》不需填写“两票”的工作（如时间短、工作单安全措施简单），三项以下操作（不含三项）可不填写操作票，但操作后应向发令人汇报。

（6）允许无监护进行操作的项目如下。

1）设备定期切换操作。

2）在监控系统中进行有功或负荷调整。

（7）下列项目操作执行监护制。

1）单一开关并列、解列，刀闸拉合的操作。

2）装设和拆除一组接地线。

3）低周波机组的设定和取消。

4）调速机手/自动切换。

5）机组的自动开停。

6）主阀的自动开关。

7）单一的继电保护，自动装置投入、停用。

（二）操作票填写要求

（1）“电站”栏名称填写本站名称。

（2）“编号”栏填写要求：编号由“C-年份-月份-流水号”组成，其中年份为4位阿拉伯数字，月份为2位阿拉伯数字，流水号为3位阿拉伯数字（从每月的第一份票为001开始），每份操作票只有一个编号，如“C-2010-06-050”代表2010年6月份办理的第50份操作票。

（3）“操作任务”栏填写要求：每份操作票只能填写一个操作任务，操作任务应填全设备的双重名称（名称和编号）。

（4）一个操作任务是指根据同一个操作指令，且为了相同的操作目的而进行的一系列相互关联并依次进行的操作过程。

（5）多页操作票“操作任务”栏中填写的内容应一致。

（6）“操作项目”栏要求。操作项目应按操作的先后顺序：拉开断路器（开关）-拉开负荷侧隔离开关（刀闸）-拉开电源侧隔离开关（刀闸）；停电-验电-挂接地线（合接地刀闸）；停电-隔离-泄压-通风。同时，应按照现场规程有关逻辑闭锁顺序进行。

（7）“操作项目”栏应采用规范的操作术语和设备名称等，术语和设备名称应符合现场规程以及上级调度规程规定要求。其中，“顺序”栏应从“1”开始顺序编号，多页操作票的续页第一栏应承接上页最后一栏的顺序号。

（8）“√”栏由监护人填写，其中打“√”表示该操作项目已执行到位，写“不执行”三字表示该操作项目因故不执行。

（9）“备注”栏由监护人填写，填写本操作票在填写、执行过程中需要说明的事项。

（10）“签名栏”中操作人、监护人、审批人（值长）必须手工签全名，以上签名应在每页操作票中签名。

二、操作票执行规定

（一）基本要求

（1）电气倒闸操作和设备隔离操作分为监护操作、单人操作两种。现场电气倒闸操作不允许单人操作，单人操作时不得进行登高或登杆操作。

（2）操作票执行必须采用纸质方式在现场进行。

（3）标准（参考）操作票仅对正式操作票的拟写起参考指南作用，拟写操作票严禁直接套用或未经审核批准直接使用标准（参考）操作票，同时标准（参考）操作票如有问题，应及时修改完善。

（4）操作票应事先连续编号，计算机生成的操作票应在正式出票前连续编号。操作票应按编号顺序使用。操作票如采用软件实现时，在软件故障或其他情况需要人工编号时，其编号仍应与原编号一致，确保操作票始终连续编号。

（5）操作票在执行过程中，由对设备比较熟悉者作监护，特别重要和复杂的倒闸操作，应由熟练的运行人员操作，值长监护。监护人持操作票，操作人（即拟票人）持操作用具和安全用具进行操作。操作时应履行唱票、复诵，认真对照地点、现场设备名称、编号和实际状态（位置），严禁误入间隔、误操作，确认无误并得到监护人肯定的可以执行操作的答复后，操作人方可执行操作。禁止监护人直接操作设备。

(6) 应严格按操作票顺序操作，逐项打钩，严禁跳项操作、打钩。每项操作完毕后，应检查操作质量。

(7) 电气倒闸操作过程应使用录音。

(8) 每次操作只能执行一份操作票。

(二) 操作票拟写

(1) 操作票的拟写应根据值班调度员或运行值班负责人的指令进行。操作票应由操作人拟写，拟票人（操作人）、监护人应了解清楚操作目的和操作顺序。

(2) 操作票的操作任务、顺序、操作项目以及页数由拟票人填写。

(3) 操作项目中的直接操作内容和检查内容不得并项填写，验电和装设接地线（合接地刀闸）应分项填写，下列项目应填入操作项目中。

1) 应拉合的设备[断路器（开关）、隔离开关（刀闸）、接地刀闸（装置）等]。

2) 验电。

3) 装拆接地线。

4) 合上（安装）或断开（拆除）控制回路或电压互感器回路的空气开关、熔断器。

5) 切换保护回路和自动化装置并检验是否确无电压等。

6) 拉合设备[断路器（开关）、隔离开关（刀闸）、接地刀闸（装置）等]后检查设备的位置。

7) 进行停、送电操作时，在拉合隔离开关（刀闸），以及手车式开关拉出、推入前，检查断路器（开关）确在分闸位置。

8) 在进行倒负荷或解、并列操作前后，检查相关电源运行及负荷分配情况。

9) 设备检修后合闸送电前，检查送电范围内接地刀闸（装置）已拉开，接地线已拆除。

10) 功率变化、状态转换方式及控制方式改变。

11) 控制、保护系统投退。

12) 电气设备操作后的位置检查应以设备实际位置为准，无法看到实际位置时，可通过设备机械位置指示、电气指示、带电显示装置、仪表及各种遥测、遥信等信号的变化来判断。判断时，应有两个及以上的指示，且所有指示均已同时发生对应变化，才能确认该设备已操作到位。

13) 应关闭或开启的气、水、油等系统的阀门。

14) 应打开的泄压阀门。

15) 应加锁的阀门。

16) 要求值班人员在运行方式、操作调整上采取的其他措施。

(4) 各单位要根据上级调度规程要求，明确本单位操作指令的发布、接受、执行等工作流程和要求。操作指令发布人对所发布命令的正确性、完整性负责。

(5) 拟定操作票时要做到“三考虑”“五对照”。“三考虑”：①考虑一次系统改变对二次自动装置和保护装置的影响；②考虑系统改变后安全可靠性和经济合理性；③考虑操作中可能出现的问题及处理措施和注意事项。“五对照”：①对照现场实际设备状态；②对照系统运行方式；③对照现场运行规程及有关规定；④对照运行图纸；⑤对照原有操作票和“标准操作票”。

操作人填写完毕后签名，并将操作票交监护人，由监护人负责对操作票的正确性进行审核、签名。

监护人审核签名后，将操作票交审批人（值长）。

审批人（值长）应对操作票操作任务是否与操作命令（指令）（一般指预令）一致、操作项目内容是否正确等再次检查、审核。

三、操作票的执行

（一）操作准备

操作前，操作人应准备必要的安全工器具、操作工具、隔离链条、钥匙、挂锁、标示牌等，检查所用的安全工器具合格并符合现场实际操作要求。

（1）当接收到正式的操作命令（指令）后，受令人应向值班负责人（值长）汇报。

（2）值班负责人（值长）应复核操作票上填写的操作任务与操作命令（指令）是否一致，确认无误后，交监护人。

（3）监护人、操作人持操作票［审批人（值长）还未签名］进行模拟预演，确认操作顺序正确。

（二）操作票批准

（1）预演无误后，监护人将操作票交给审批人（值长）。

（2）审批人（值长）再次审核该操作票，确认无误后签名，并在操作项目栏中划“ϟ”，记录操作开始时间，将操作票交监护人，并交代操作任务以及安全注意事项。

（三）现场操作

（1）整个操作过程中，操作票和钥匙应始终由监护人手持。

（2）接到审批人（值长）批准的操作票后，在实际操作前，监护人还应先核对电站接线方式、机组运行情况等，开展危险点分析，交代操作人安全注意事项。

（3）到达现场后，操作人和监护人应认真核对操作设备的名称、编号和实际状态。一般情况下，操作人应面向设备站立，监护人站在其侧后方进行监护。

（4）开始操作前，监护人应按照操作票填写的顺序逐项高声唱票，操作人手指设备名称编号高声复诵。监护人确认标示牌与复诵内容、操作票内容等相符后，下令“对，执行”，操作完毕后，操作人回答“操作完毕”。

（5）操作完毕，监护人应认真检查操作质量，确认无误后，在对应栏内打“√”。若该操作项目还涉及上锁或悬挂接地线，则应在“锁号（地线编号）”栏内填写相应的锁号或接地线编号。

（6）操作中发生疑问，应立即停止操作，不准擅自更改操作票，不准随意解除闭锁装置，必须向运行值班负责人报告，消除疑问后，方可进行操作。防误闭锁装置的解除按本单位规定程序执行。

（7）电气设备操作后的位置检查应以设备实际位置为准，无法看到实际位置时，可通过设备机械位置指示、电气指示、带电显示装置、仪表及各种遥测、遥信等信号的变化来判断。判断时，应有两个及以上的指示，且所有指示均已同时发生对应变化，才能确认该设备已操作到位。

(8) 检查水力机械设备或系统是否已安全泄压，可通过阀门机械指示位置、热工仪表指示以及现场实际情况（如有无水、气流动声音等）进行综合分析确定。以上检查项目应填写在操作票中作为检查项。

(9) 应加挂机械锁的几种情况如下。

1) 待用间隔（母线连接排、引线已接上母线的备用间隔）应有名称、编号，并列入调度管辖范围。其隔离开关（刀闸）操作手柄、网门应加锁。

2) 未装防误操作闭锁装置或闭锁装置失灵的刀闸手柄、阀厅大门和网门。

3) 当电气设备处于冷备用时，网门闭锁失去作用时的有电间隔网门。

4) 设备检修时，回路中的各来电侧刀闸操作手柄和电动操作刀闸机构箱的箱门。

5) 泄压阀。

6) 各来压部位的隔离阀门。

7) 设备检修时，系统中的各来电侧的隔离开关操作手柄和电动操作隔离开关机构箱的箱门。

8) 为泄压所开启的有关阀门，在检修过程中必须一直保持在可靠的全开位置，必要时要加机械锁。

9) 在一经操作即可送压到工作地点的，以及各可能有压的各隔离点的所有阀（闸）门的操作把手、控制按钮、泵启停控制按钮上，悬挂“禁止操作，有人工作!”的标示牌。截止门、闸板、挡板应加锁。如有多级串联，在危险介质来源处的截止门、闸板、挡板已可靠关严、加锁，并悬挂“禁止操作”标示牌的情况下，检修系统隔离范围内的截止门、闸板、挡板可不重复加锁，因检修需要调整开启这些截止门、闸板、挡板时，须暂停系统其他处的工作，以防伤人，确认无泄漏后方可继续工作。

(10) 全部操作完毕，监护人和操作人应进行复查。

(11) 一个操作任务，原则上应在本班内完成。因故中断操作时，应注明中断位置、时间，并有监护人、操作人的确认签名；交接班后，若需由接班人员接替完成该操作任务时，原操作票可有效使用，但必须重新履行审批手续，否则不得延用。

(四) 操作汇报

(1) 操作票上的操作项目全部操作完毕，监护人在操作票最后一页及第一页记录“操作结束时间”，在票上盖“已执行”章，并向审批人（值长）汇报。

(2) 操作票编号、操作任务、操作人、监护人、操作开始和结束时间等应记录在运行日志或操作票登记本上。

(五) 操作票执行中的注意问题

(1) 倒闸操作必须认真执行操作监护制，监护人员必须由较高水平的值班人员担任。

(2) 倒闸操作原则上不在交接班时间、尖峰负荷时间进行，但紧急情况除外。

(3) 电气倒闸操作，必须执行操作票制。

(4) 倒闸操作必须严格执行操作复诵制，操作一项在操作票上画一个勾，严禁提前打勾或操作完后一起打勾。操作中发生疑问或异常情况应立即停止操作，搞清问题方可继续操作。

倒闸操作是运行值班中一项极其重要的工作，运行人员必须严肃认真对待。操作中严格执行相关要求，违反规定，一旦发生误操作事故，后果极其严重。

例如，某厂运行人员在执行“×号机变措施恢复”的操作票时，在执行到“拆除主变压器高压侧开关至母线隔离开关间的一组接地线”时，因其他原因中断操作，但却在该项对应的“√”栏内打“√”。恢复操作时，没有检查地线是否确已拆除，误认为此项已执行完毕，继续进行操作。当执行到“合上主变压器高压侧母线隔离开关”时，造成带地线合隔离开关恶性误操作事故，致使母线保护动作，多台机组和线路跳闸，事故影响范围很大，教训也极为惨痛。

四、操作票考核

(1) 电站运行单位应将操作票的管理情况纳入对员工进行绩效考核的重要内容。根据自查和上级检查中发现的操作票管理工作存在的问题按季度，根据问题的严重程度以内部通报、绩效考核等形式落实考核。

(2) 已签字生效的操作票在执行中发生误操作，造成事故或障碍者；由于操作票不合格而发生事故或障碍者；由于无票操作而发生事故或障碍者。对其操作票上所有签名的各类人员或允许无票操作的各级人员，均应追究相应的安全责任。

(3) 凡使用已用过的同类型操作票操作或弃票操作，一经发现，按无票操作对待。

(4) 操作票合格率的计算办法：操作票合格率＝已执行的合格操作票数/已执行的操作票总数×100%。

(5) 已执行过的操作票由运行部门收回检查，不合格操作票加盖“不合格”印章，按月进行考核，将操作票总张数的合格率统计汇总报主管部门，操作票按月装订，并保存一年，凡已执行的操作票具有下列情况之一者，均属不合格操作票。

1) 无序号或序号错乱。

2) 无操作开始和终了时间。

3) 无操作任务或操作项目与操作任务不符。

4) 操作任务或操作项目填写不当，无双重编号。

5) 操作票漏项、并项、倒项。

6) 未按规定签名或代签名。

7) 打印字迹不清、任意涂改、破损严重或丢失。

8) 未盖“已执行”“未执行”“作废”印章，或盖章不规范。

9) 使用术语不规范且含义不清楚者。

10) 空余部分未按规定盖有“以下空白”印章。

(6) 运行部门应按月公布不合格的操作票，便于吸取教训，改进工作。主管部门应对运行部门的操作票每月抽查一次，并作为对运行部门的考核依据。

第四节　水电站设备安全管理

一、防误闭锁装置

(一) 防误闭锁装置概述

在倒闸操作中，为保证操作的正确性，防止误操作的发生，特使用防误闭锁装置。防误闭锁装置一般由防误主机，蓝牙主站，基站，电脑钥匙及充电器，万能解锁钥匙，以及机械编码锁具等装置构成。

微机防误闭锁装置以防误主机为核心装备，在系统软件中，预先编写了电厂电气一次系统接线图和所有设备操作规则。当运行人员在电脑显示器上模拟操作时，防误主机根据固化的专家系统对每项操作进行智能判断，并给出相应的提示。模拟预演结束后，可将正确的模拟预演操作内容输入到电脑钥匙中，然后由操作人员用电脑钥匙到现场进行解锁及倒闸操作。操作时，电脑钥匙自动显示当前倒闸操作项目，运行人员将电脑钥匙插入相应的编码锁内，通过其编码头检测操作对象是否正确。若正确，电脑钥匙用语音发出允许操作命令，开放机械编码锁，这时，就可以进行倒闸操作。若走错间隔或误操作，电脑钥匙用语音发出错误警告，提醒操作人员操作错误，达到强制闭锁的目的，使操作人员得到安全保障。

万能解锁钥匙，是在微机防误闭锁装置的电脑钥匙无法正常使用或特殊情况下（如事故处理、全厂停电等）使用的解锁工具。当使用万能解锁钥匙时，一般来说电站所有机械编码锁都可以随意打开。因此，使用万能解锁钥匙一定要慎之又慎，防止误操作的事故发生。

（二）防误电脑钥匙的使用规定

1. 倒闸操作中的解锁

(1) 正常情况下，倒闸操作只准使用电脑钥匙，每操作完一项应将电脑钥匙中当前状态信息通过蓝牙基站及时返回给防误装置主机进行状态更新（采用蓝牙通讯方式时），以确保防误装置主机与现场设备状态对应。

(2) 值班人员在倒闸操作过程中，遇有防误装置故障或操作步骤不满足防误逻辑需解锁操作时，操作人员应立即停止操作，对已执行的操作进行复核，在确认操作无误后，操作监护人向值长汇报，申请解锁操作。

倒闸操作中发生闭锁拒开时，严禁私自解锁，首先要重新核对设备编号及操作人所站位置正确，确认未走错间隔。

(3) 确认防误闭锁故障无法恢复正常后，应按防误装置异常时的解锁规定申请使用万能解锁钥匙，并严格履行万能解锁钥匙使用手续。

2. 设备检修中的解锁

设备检修时，有时因工作需要，可能会操作与检修设备相关的一些隔离开关或接地开关，此时，需要在操作前解锁。在解锁时应注意以下两点。

(1) 应检修或维护人员申请，值长同意，一般应采用常规操作方法在该安全措施范围内，由值班员使用电脑钥匙进行解锁。

(2) 若电脑钥匙受到防误操作逻辑闭锁，经确认解锁无危险时，当值值长可下令使用万能解锁钥匙进行解锁操作，并设第二监护人，且严格核对设备名称和位置，完成操作后在万能解锁钥匙使用登记本上做好记录，并及时汇报防误专责人。

3. 事故处理时的紧急解锁

在事故处理过程中，遇危及人身、电网和设备安全等紧急情况，电脑钥匙不能解锁时，当值值长在确认没有危险的情况下，有权下令紧急使用万能解锁钥匙进行解锁操作，并设第二监护人，且严格核对设备名称和位置，完成操作后在万能解锁钥匙使用登记本上做好记录，并及时汇报防误专责人。

（三）万能解锁钥匙的管理规定

1. 万能解锁钥匙使用时的一般规定

（1）万能解锁钥匙和授权密码由值长管理，值长对万能解锁钥匙和授权密码的正确使用及管理负责。

（2）万能解锁钥匙和授权密码应封存在加锁的盒内，按值移交，由当班值长接班时验证万能解锁钥匙在加锁的盒内封存。

（3）授权密码应等同于万能解锁钥匙，未经值长允许，不准在操作中使用，不准外借。

（4）特殊情况下，万能解锁钥匙和授权密码的使用，应严格履行万能解锁钥匙使用手续，并在值长日志及万能解锁钥匙使用登记本上做好记录。

2. 防误装置异常时万能解锁钥匙使用手续

防误装置异常时，应汇报值长，并按下列程序和要求，使用万能解锁钥匙进行操作，并在值长日志及万能解锁钥匙使用登记本上做好记录，履行万能解锁钥匙使用手续。

（1）当班值长提出申请，发电部主任审核，汇报防误专责人。

（2）防误专责人到现场核实无误，确认需要解锁操作，同意并签字。

（3）解锁操作时，应设第二监护人。

（4）万能解锁钥匙使用后应立即封存。

（四）防误闭锁装置管理的考核

（1）定期对值班人员进行防误闭锁装置的使用与管理进行考核，防止对防误闭锁装置的使用与管理出现纰漏。

（2）不定期抽查防误闭锁装置的使用和规定执行情况，发现违章现象进行惩罚。

（3）定期检查万能钥匙使用登记本，检查万能钥匙使用情况是否符合规定。

二、停电作业的安全技术措施

停电作业即指在电气设备就线路不带电的情况下，所进行的电气检修工作。停电作业分为全停电和部分停电作业。前者是指室内高压设备全部停电，通至邻接高压室的门全部闭锁，以及室外高压设备全部停电情况下的作业。后者是指高压室的门并未全部闭锁情况下的作业。无论全停电还是部分停电，为保证人身安全都必须执行停电、验电、装设接地线、悬挂标志牌和装设遮栏等四项安全技术措施后，方可进行停电作业。

（一）停电

1. 工作地点必须停电的设备或线路

（1）要检修的电气设备或线路必须停电。

（2）与工作人员在进行工作中正常活动范围小于规定安全距离的设备必须停电。

（3）带电部分在工作人员后面或两侧无可靠安全措施的设备，为防止工作人员触及带电设备，必须将其停电。

（4）对与停电作业的线路平行、交叉或同杆的有电线路，有危及停电作业的安全，而又不能采取安全措施时，必须将平行、交叉或同杆的有电线路停电。

2. 停电的安全要求

对停电作业的电气设备或线路，必须把各方面的电源均完全断开，具体如下。

（1）对与停电设备或线路有电气连接的变压器、电压互感器，应从高、低压两侧将断路器、隔离开关全部断开（对柱上变压器，应取下跌落式熔断器的熔丝管），以防止向停电设备或线路反送电。

（2）对与停电设备有电气连接的其他任何运行中的星形接线设备的中性点必须断开，以防止中性点位移电压加到停电作业的设备上而危及人身安全。这是因为在中性点不接地系统，不仅在发生单相接地时中性点有位移电压，就是在正常运行时，由于导线排列不对称也会引起中性点的位移。例如35～60kV线路其位移电压可达1kV左右，这样高的电压若加到被检修的设备上是极其危险的。

断开电源不仅要拉开断路器，而且还要拉开隔离开关，使每个电源至检修设备或线路至少有一个明显的断开点，这样，安全的可靠性才有保证。如果只是拉开断路器，当断路器机构有故障、位置指示失灵的情况下，断路器完全可能没有全部断开（触头实际位置看不见）。结果，由于没有把隔离开关拉开而使检修的设备或线路带电。因此，严禁在只经断路器断开电源的设备或线路上工作。为了防止已断开的断路器被误合闸，应取下断路器控制回路的操作直流熔断器或者关闭气、油阀门等。对一经合闸就有可能送电到停电设备或线路的隔离开关，其操作把手必须锁住。

（二）验电

对已经停电的设备或线路还必须验明确无电压并放电后，方可装设接地线。验电的安全要求有以下几点。

（1）验电前应将电压等级合适的且合格的验电器在有电的设备上试验，证明验电器指示正确后，再在检修的设备进出线两侧各相分别验电。

（2）对35kV及以上的电气设备验电，可使用绝缘棒代替验电器。根据绝缘棒工作触头的金属部分有无火花和放电的噼啪声来判断有无电压。

（3）线路验电应逐相进行。同杆架设的多层电力线路在验电时应先验低压、后验高压，先验下层、后验上层。

（4）在判断设备是否带电时，不能仅用表示设备断开和允许进入间隔的信号以及经常接入的电压表的指示作为无电压的依据，但如果指示有电则为带电，应禁止在其上工作。

（三）装设接地线

当验明设备确无电压并放电后，应立即将设备接地并三相短路。这是保护工作人员在停电设备上工作，防止突然来电而发生触电事故的可靠措施，同时接地线还可使停电部分的剩余静电荷放入大地。

1. 装设接地线的部位

（1）对可能送电或反送电至停电部分的各方面，以及可能产生感应电压的停电设备或线路均要装设接地钱。

（2）检修10m以下的母线，可装设一组接地线；检修10m以上的母钱，视具体情况适当增设。在用隔离开关或断路器分成几段母线或设备上检修时，各段应分别验电、装设接地线。降压变电站全部停电时，只需将各个可能来电侧的部分装设接地线，其余分段母线不必装设接地线。

（3）在室内配电装置的金属构架上应有规定的接地地点。这些地点的油漆应刮去，以保证导电良好，并画上黑色“接地”记号。所有配电装置的适当地点，均应设有接地网的接头，接地电阻必须合格。

2. 装设接地线的安全要求

（1）装设接地线必须由两人进行，若是单人值班，只允许使用接地开关接地或使用绝缘棒拉合接地开关。

（2）所装设的接地线考虑其可能最大摆动点与带电部分的距离应符合安全距离的规定。

（3）装设接地线必须先接接地端，后接导体端，必须接触良好；拆除时顺序与此相反。装拆接地线均应使用绝缘棒和绝缘手套。

（4）接地线与检修设备之间不得连有断路器或熔断器。

（5）严禁使用不合格的接地线或用其他导线做接地线和短路线，应当使用多股软裸铜线，其截面积应符合短路电流要求，但不得小于 25mm^2；接地线须用专用线夹固定在导体上，严禁用缠绕的方法接地或短路。

（6）带有电容的设备或电缆线路应先放电后再装设接地线，以避免静电危及人身安全。

（7）对需要拆除全部或部分接地线才能进行工作的（如测量绝缘电阻，检查开关触头是否同时接触等），要经过值班员许可（根据调度员命令装设的，须经调度员许可），才能进行工作，完毕后应立即恢复接地。

（8）每组接地线均应有编号，存放位置也应有编号，两编号一一对应，即对号入座。

（四）悬挂标示牌和装设遮栏

悬挂标示牌是为了提醒工作人员及时纠正将要进行的错误操作或动作，指明正确的工作地点，警告他们不要接近带电部分，提醒他们采取适当的安全措施，禁止向有人工作的地方送电。装设遮栏为了限制工作人员的活动范围，防止他们接近或误触带电部分。具体要求如下。

（1）在部分停电的工作与未停电设备之间的安全距离小于规定值（10kV 以下小于 0.7m，20～35kV 小于 1m，60kV 小于 1.5m）时，应装设遮栏。遮栏与带电部分的距离 10kV 以下不得小于 0.35m，20～35kV 不得小于 0.6m，60kV 不得小于 1.5m。在临时遮栏上悬挂“止步，高压危险!”的标示牌。临时遮栏应装设牢固。无法设置遮栏时，可酌情设置绝缘搁板、绝缘罩、绝缘拦绳等。

（2）在工作地点悬挂“在此工作!”的标示牌。

（3）在工作人员上下用的架构或梯子上，应悬挂“从此上下!”的标示牌。

（4）在邻近其他可能误登的架构或梯子上，应悬挂“禁止攀登，高压危险!”的标示牌。

（5）在一经合闸即可送电到作业地点的断路器和隔离开关的操作把手上均应悬挂“禁止合闸、线路有人工作!”的标示牌。

（6）若线路上有人工作，应在线路断路器和隔离开关的悬挂把手上悬挂“禁止合闸、线路有人工作!”的标示牌。在室外地面高压设备上工作，应在工作地点四周用绝缘绳做围栏。在围栏上悬挂适当数量的“止步，高压危险!”的标示牌。严禁工作人员在工作中移动或拆除遮栏及标示牌。

（五）线路作业时水电站的安全措施

（1）线路的停送电须按值班调度员的命令或有关单位的书面指令执行操作票，严格执行操作命令，不得约时停送电，以防止工作人员发生触电事故。停电时必须先将该线路可能来电的所有断路器、线路隔离开关、母线隔离开关全部拉开，用验电器验明确无电压后，在所有线路上可能来电的各端的负荷侧装设接地线，并在隔离开关的操作把手上挂“禁止合闸，线路有人工作”的标示牌。

(2) 值班调度员必须将线路停电检修的工作班组、工作负责人姓名、工作地点和工作任务记入检修记录簿内。当检修工作结束时，应得到检修工作负责人的竣工报告，确认所有工作班组均已完成任务，工作人员全部撤离，现场清扫干净，接地线已拆除，并与检修记录簿核对无误后，再下令拆除变电站内的安全措施，向线路送电。

(3) 用户管辖的线路停电，必须由用户的工作负责人书面申请，经允许后方可停电，并做好安全措施。恢复送电必须接到原申请人的通知后方可进行。

附录A　第一种工作票格式

盖	合　格 不合格	章

××公司第一种工作票

（运行联/检修联）

盖	已终结 作　废	章

__××__电站　　　　部门（单位）：________　　　　编号：________

1. 工作负责人（监护人）：________　　　　班组：________

2. 工作班人员（不包括工作负责人）：________________

____

____________________________共____人。

3. 工作任务：________________

工作地点及设备双重名称	工作内容

4. 计划工作时间：自____年____月____日____时____分 至 ____年____月____日____时____分。

5. 安全措施（必要时可附页绘图说明）：

5.1	应拉断路器（开关）、隔离开关（刀闸），应隔离的阀门，应停用的保护等	已执行*
1	每行只能是一个完整的安全措施（超出规定字数，行内换行）	（手写）
2		
3		
4		
5		
6		
7		
8		
9		
10		
11		

续表

5.1　应拉断路器（开关）、隔离开关（刀闸），应隔离的阀门，应停用的保护等		已执行*
12		
13		
14		
15		
16		
17		
18		
19		
20		
21		

5.2　应装接地线、应合接地开关（注明确实地点、名称）		已执行*（编号）
1		
2		
3		
4		
5		

5.3　应设遮栏、应挂标示牌及防止二次回路误碰措施		已执行*
1		
2		
3		
4		
5		
6		

5.4　工作地点保留带电部分或注意事项（由工作票签发人填写）	5.5　补充工作地点保留带电部分和安全措施（由工作许可人填写）

*　已执行栏目及接地线编号由工作许可人填写。

工作票签发人签名：＿＿＿＿＿＿　签发日期：＿＿＿年＿＿月＿＿日＿＿时＿＿分

6. 收到工作票时间：＿＿＿年＿＿月＿＿日＿＿时＿＿分

运行值班人员签名：＿＿＿＿＿　　　　　　　工作负责人签名：＿＿＿＿＿＿

7. 工作许可，双方确认本工作票1～6项：

许可工作时间：自＿＿＿年＿＿月＿＿日＿＿时＿＿分至＿＿＿年＿＿月＿＿日＿＿时＿＿分。

工作负责人签名：＿＿＿＿＿　　　　　　　工作许可人签名：＿＿＿＿＿＿

8. 确认工作负责人布置的工作任务和安全措施，执行对应的危险点分析预控卡。

9. 工作负责人变动情况：

原工作负责人＿＿＿＿＿＿离去，变更＿＿＿＿＿＿＿为工作负责人。

原工作票签发人签名：＿＿＿＿　　　　　　＿＿＿年＿＿月＿＿日＿＿时＿＿分

原、现工作负责人已对工作任务和安全措施进行交接，现工作负责人签名：＿＿＿＿＿

工作许可人签名：＿＿＿＿＿＿　　　　　　＿＿＿年＿＿月＿＿日＿＿时＿＿分

10. 工作票延期：

有效期延长到＿＿＿年＿＿月＿＿日＿＿时＿＿分

工作负责人签名：＿＿＿＿＿＿＿　　　　　＿＿＿年＿＿月＿＿日＿＿时＿＿分

工作许可人签名：＿＿＿＿＿＿＿　　　　　＿＿＿年＿＿月＿＿日＿＿时＿＿分

11. 每日开工和收工时间（使用一天的工作票不必填写）：

收工时间				工作负责人	工作许可人	开工时间				工作许可人	工作负责人
月	日	时	分			月	日	时	分		

12. 工作终结：

全部工作于＿＿＿年＿＿月＿＿日＿＿时＿＿分结束，设备及安全措施已恢复至开工前状态，工作人员已全部撤离，材料工具、场地已清理完毕，工作已终结。

工作负责人签名：＿＿＿＿＿＿　　　　　　工作许可人签名：＿＿＿＿＿＿

13. 工作票终结：

（1）临时遮栏、标示牌已拆除，常设遮栏已恢复。已拆除接地线编号＿＿＿＿＿＿＿＿＿＿＿＿＿＿＿＿＿＿＿＿＿＿等共＿＿组，已拉开接地开关＿＿＿＿＿＿＿＿＿＿＿＿等共＿＿副已拉开。

（2）未拆除接地线编号＿＿＿＿＿＿＿＿＿＿＿＿＿等共＿＿组、未拉开接地开关＿＿＿＿＿＿＿＿＿＿＿＿＿＿＿＿＿＿＿＿等共＿＿副，已汇报调度值班员。

工作许可人签名：＿＿＿＿＿＿＿　　　　　＿＿＿年＿＿月＿＿日＿＿时＿＿分

14. 备注：

（1）指定专责监护人、监护地点及具体工作见对应的危险点分析预控卡。

（2）对应的二次工作安全措施票编号（如无，填写“无”）：＿＿＿＿＿＿＿＿＿＿＿

（3）其他事项：____
____
____

盖 工作结束 章

附录B 第二种工作票格式

盖	合 格 不合格	章

××公司第二种工作票

（运行联/检修联）

盖	已终结 作 废	章

__××__电站　　　　部门（单位）：__________　　　　编号：__________

1. 工作负责人（监护人）：__________　　　　班组：__________

2. 工作班人员（不包括工作负责人）：______________________________

____

____共____人。

3. 工作任务：____

工作地点及设备双重名称	工作内容

4. 计划工作时间：自____年____月____日____时____分 至 ______年____月____日____时____分。

5. 工作条件（停电或不停电，或邻近及保留带电设备名称）：____________________

____

____

____

6. 安全措施：

6.1	检修要求运行人员执行的安全措施	已执行
1		
2		
3		
4		
5		
6		
7		

续表

6.1　检修要求运行人员执行的安全措施		已执行
8		
9		
10		
11		
12		
13		
14		
15		
16		
17		
6.2　应设遮栏、应挂标示牌		已执行
1		
2		
3		
4		
5		
6		

6.3　注意事项（由工作票签发人填写）		6.4　补充安全措施或注意事项（由工作许可人填写）	
1		1	
2		2	
3		3	
4		4	
5		5	

工作票签发人签名：________ 签发日期：____年____月____日____时____分

7. 工作许可，双方确认本工作票1～6项：

许可工作时间：自____年____月____日____时____分至____年____月____日____时____分。

工作负责人签名：________　　　　工作许可人签名：________

8. 确认工作负责人布置的工作任务和安全措施，执行对应的危险点分析预控卡。

9. 工作负责人变动情况：

原工作负责人________离去，变更________为工作负责人。

原工作票签发人签名：__________　　　　　　　　　　______年____月____日____时____分

原、现工作负责人已对工作任务和安全措施进行交接，现工作负责人签名：__________

工作许可人签名：______________　　　　　　　　　　______年____月____日____时____分

10. 工作票延期：

有效期延长到______年____月____日____时____分

工作负责人签名：______________　　　　　　　　　　______年____月____日____时____分

工作许可人签名：______________　　　　　　　　　　______年____月____日____时____分

11. 工作票终结：

全部工作于______年____月____日____时____分结束，设备及安全措施已恢复至开工前状态，工作人员已全部撤离，材料工具、场地已清理完毕。

工作负责人签名：____________　　　　　　　　　　______年____月____日____时____分

工作许可人签名：____________　　　　　　　　　　______年____月____日____时____分

12. 备注：

（1）指定专责监护人、监护地点及具体工作见对应的危险点分析预控卡。

（2）对应的二次工作安全措施票编号（如无，填写“无”）：______________________

（3）其他事项：____

____

____

附录C　机械工作票格式

盖	合格 不合格	章

××公司（水力）机械工作票
（运行联/检修联）

盖	已终结 作废	章

____××____电站　　部门（单位）：____________　　编号：____________

1. 工作负责人（监护人）：____________　　班组：____________

2. 工作班人员（不包括工作负责人）：________________________________

____

____共____人。

3. 工作任务：____

工作地点及设备双重名称	工作内容

4. 计划工作时间：自______年____月____日____时____分至______年____月____日____时____分。

5. 安全措施（必要时可附页绘图说明）：

5.1	检修工作要求运行人员执行的安全措施	已执行
1		
2		
3		
4		
5		
6		
7		
8		
9		

续表

5.1　检修工作要求运行人员执行的安全措施		已执行
10		
11		
12		
13		
14		
15		
16		
17		
18		
19		
20		
21		

5.2　应设遮栏、应挂标示牌		已执行
1		
2		
3		
4		
5		
6		

5.3　检修工作要求检修人员自行执行的安全措施（由工作负责人填写）		已执行	已恢复
1			
2			
3			
4			
5			

5.4　工作地点注意事项（由工作票签发人填写）		5.5　补充工作地点安全措施（由工作许可人填写）	
1		1	
2		2	
3		3	
4		4	
5		5	

工作票签发人签名：__________　　签发日期：_____年___月___日___时___分

6. 收到工作票时间：_____年___月___日___时___分

运行值班人员签名：____________　　工作负责人签名：__________

7. 工作许可，双方确认本工作票1～6项：

许可工作时间：自____年____月____日____时____分 至_____年____月____日____时___分。

工作负责人签名：____________　　工作许可人签名：__________

8. 确认工作负责人布置的工作任务和安全措施，执行见对应的危险点分析预控卡。

9. 工作负责人变动情况：

(1) 原工作负责人____________离去，变更______________为工作负责人。

原工作票签发人签名：__________　　_____年___月___日___时___分

原、现工作负责人已对工作任务和安全措施进行交接，现工作负责人签名：_________

工作许可人签名：____________　　_____年___月___日___时___分

(2) 连续或连班作业工作负责人的相互接替：

原工作负责人	现工作负责人	生效时间				工作票签发人
		月	日	时	分	

10. 工作票延期：

有效期延长到_____年____月____日____时____分

工作负责人签名：____________　　_____年___月___日___时___分

工作许可人签名：____________　　_____年___月___日___时___分

11. 工作票终结：

全部工作于_____年____月____日____时____分结束，设备及安全措施已恢复至开工前状态，工作人员已全部撤离，材料工具、场地已清理完毕。

工作负责人签名：____________　　_____年___月___日___时___分

工作许可人签名：____________　　_____年___月___日___时___分

12. 备注：

(1) 指定专责监护人、监护地点及具体工作见对应的危险点分析预控卡。

(2) 其他事项：____

____

附录D　操作票格式

盖	合　格 不合格	章

××有限公司

××电站操作票

编号：______________　　　　　　　　　　第　　页，共　　页

操作开始时间：　年　　月　日　　时　　分　操作结束时间：　年　　月　日　　时　　分

操作任务：

顺序	操　作　项　目	锁号 （地线编号）	✓

备注：

操作人：　　　　　　　　监护人：　　　　　　　　审批人（值长）：